In Erinnerung
an das kurze Forscherleben von

Thomas T. Ballmer

4. 1. 1945–2. 12. 1984

dessen Fall praktisch belegt,
was ein Buch
nur theoretisch
behaupten kann.

Inhalt

Vorwort	7
Zur Einführung	9

I. Die Wissenschaft als Teil der modernen Gesellschaft 19

1. Die Doppelgestalt der Wissenschaft und ihre vierfache Untersuchungsmöglichkeit .. 20
2. Die moderne Wissenschaft und ihre Eigenparameter 29

II. Wissenschaft als Beruf und Betrieb 43

1. Fachwissenschaft („Disziplin") von Fachmenschen („Experten") für Fachmenschen („Kollegen") der Gelehrtenzunft („Forschungsgemeinschaft") . 43
2. Das wissenschaftliche Ethos und die Legitimation der Wissenschaft. 50
3. Das wissenschaftliche Ethos als qualifizierte Superethik für privilegierte Sondermilieus 56

III. Wissenschaft als Führungssektor der gesellschaftlichen Entwicklung 64

1. Führung durch Wissen: Die Führungsleistung der Wissenschaft und die Durchsetzungsschwäche der Vernunft... 65
2. Wissenschaftliches Problemlösen nach dem Phasenmodell: Führungsfunktion des allgemeinen, Kontrollfunktion des besonderen Wissens 72

IV. Wissenschaft und Journalismus: Wissenssymbiose zweier Problemlösertypen 82

1. Journalismus als gebundene und belastete Wissensarbeit: Vermittler- und Findigkeitstheorie des Wissenschaftsjournalismus 85
2. Der Journalist als unternehmerisches Element im Problemlösungsprozeß und findiger Agent der Gelegenheitsvernunft. 92
3. Die soziale Funktion journalistischer Findigkeit: Herstellung einer „kritischen Masse" von Problemlösungswissen 104

V. Wissenschaft und Gesellschaft: Die Ethik der Wissenschaft und die neue Verantwortung des Wissenschaftlers 111

1. Von der internen Verantwortung des Wissenschaftlers für die Wissenschaft: Das wissenschaftliche Ethos als eine Ethik des Wissens. 112
2. Die veränderte Wissenslage und die erweiterte Verantwortung des Wissenschaftlers. 122
3. Die zweistufige wissenschaftliche Verantwortung: Individuelle Verantwortlichkeit des Wissenschaftlers im Fach mit seiner Reputation, kollektive Verantwortlichkeit der Wissenschaft in der Gesellschaft mit ihrer Legitimation 155

Namenregister 165

Vorwort

Nach langer Beschäftigung mit dem ganzen Fragenkomplex haben schließlich zwei konkrete Anlässe die Erstfassung der folgenden Überlegungen ausgelöst und deren vorliegende Zusammenfassung als *ein* Thema – mit Variationen – angeregt. Für die Behandlung des *Journalismus* war es die Einladung zu einem Vortrag auf dem *Fuschl*-Symposium „Moral und Verantwortung in der Wissenschaftsvermittlung", für die Untersuchung der wissenschaftlichen Verantwortlichkeit eine Vorlesung über „Die politische Verantwortung des Wissenschaftlers" im Rahmen des Studium Generale der Universität Mannheim. Den Leitern und Teilnehmern beider Veranstaltungen verdanke ich den entscheidenden Anstoß und viele Anregungen zu diesem Büchlein, das ohne sie jetzt wohl kaum zustande gekommen wäre.

Dazu kommt als enorme Stimulierung aus dem „lebensweltlichen" (wie man heute sagt) Hintergrund des Autors die jahrelange Diskussion der *Wissenschaftsrealpolitik* mit zwei alten Freunden: im (und vor allem auch zum) lokalen Milieu mit dem Politologen *Franz Lehner* (früher Mannheim, heute Bochum); sinngemäß auf sozusagen überregionaler Ebene mit dem Soziologen *Bernhard Schäfers* (früher Göttingen, heute Karlsruhe). Für die Ermöglichung vieler außeruniversitärer Erfahrungen im Industriemilieu hat *Horst Röpke* (Berlin) die hilfreiche Vermittlungsfunktion eines „Dosenöffners" ausgeübt. Das alles ging, wie es bei einem kritischen Meinungsaustausch einfach sein *muß*, nicht ohne grundsätzliche Auffassungsunterschiede und gelegentliche Verstimmungen ab.

Ihnen allen und vielen Ungenannten bin ich verpflichtet, darunter nur in zeitlicher Hinsicht zuletzt dem Verleger *Georg Siebeck* für die ungewöhnliche persönliche Anteilnahme am Zustandekommen der Endfassung, mit wichtigen inhaltlichen Verbesserungsvorschlägen.

Selbstverständlich gehen alle Fehler ausschließlich zu Lasten des Autors, ganz im Sinne der erläuterten „neuen Verantwortlichkeit" des wirklichen Folgetragenmüssens. Beim Verfassen des Textes war ich frei, bei der Verantwortung für dessen Folgen bin ich Knecht. So soll es meines Erachtens in der Wissenschaft sein.

Zur Einführung

Die Neue Welt der modernen, gegenwärtig und vermutlich auch künftig eher super- als postindustriellen *Wissensgesellschaft*[1] setzt sich zusammen aus Materie, Energie und Information[2] – mit zunehmender Bedeutung der letzteren, weshalb bereits von der aufkommenden „Informationsgesellschaft" gesprochen wird[3]. Mit dieser modischen Redeweise ist bislang lediglich eine ungeklärte *Eintopf*-Auffassung dessen verbunden, was ich im folgenden als den *kognitiven Faktor* und die *informativen Funktionen* bezeichnen möchte, um sie für das hier vorgeschlagene Zusammenspiel von Wissenschaft und Journalismus im gesellschaftlichen Problemlösungsprozeß zu erläutern.

---

[1] Zum Konzept einer wohl etwas voreilig für „postindustriell" erklärten *Wissensgesellschaft* vgl. DANIEL BELL, Die nachindustrielle Gesellschaft, Frankfurt und New York 1975.

[2] Vgl. CARL FRIEDRICH VON WEIZSÄCKER, Die Einheit der Natur, München 1971, S. 342 ff.

[3] Vgl. KARL W. DEUTSCH, Von der Industriegesellschaft zur Informationsgesellschaft, in: ROLF PFEIFFER und HELMUT LINDNER, Hrsg., Systemtheorie und Kybernetik in Wirtschaft und Verwaltung, Berlin 1982, S. 1 ff.; zur Kritik dieser noch wenig geklärten neuen Leitvorstellung JEAN-PIERRE DUPUY, Myths of the Informational Society, in: KATHLEEN WOODWARD, Hrsg., The Myths of Information, London und Henley 1980, S. 3 ff.

Beides sind in meiner Sicht soziale Erkenntnisunternehmen von erstrangiger Bedeutung für die Gesellschaft, trotz *ambivalenter Beurteilung:* Ist die Wissenschaft im Zuge des abendländischen Rationalisierungs- und neuzeitlichen Modernisierungsprozesses[4] zur „ersten Produktivkraft"[5] aufgestiegen, so wird sie gegenwärtig in ihrer zeitgemäßen universitären oder industriellen Organisationsform als Großforschung („Big Science"[6]) im Dienste der Hochtechnologie (Militär-, Atom-, Medizin-, Informationstechnologie, u. dgl.) vielfach für eine Destruktivkraft gehalten[7], welche heute Umwelt und Arbeitsplätze, morgen vielleicht sogar unser Leben vernichtet. Einerseits *per R & D* („Research and Development") bei der Entwicklung unserer Wirtschaft und Gesellschaft in Führung gegangen, ist die Wissenschaft andererseits in den Verdacht geraten, ihre moralische Unschuld als uneigennützige, unschädliche lautere Wahrheitssuche verloren zu haben und deshalb politischer Kontrolle, zumindest fachlicher Selbstzensur unterworfen werden zu müssen[8].

---

[4] Zur Einteilung des im Werk MAX WEBERS untersuchten abendländischen Rationalisierungsprozesses in die beiden aufeinanderfolgenden Phasen oder Schritte der „Entzauberung" und „Modernisierung" vgl. FRIEDRICH H. TENBRUCK, Das Werk Max Webers, Kölner Zeitschrift für Soziologie und Sozialpsychologie, Bd. 27, 1975, S. 663 ff.
[5] JÜRGEN HABERMAS, Technik und Wissenschaft als „Ideologie", Frankfurt am Main 1968, S. 74.
[6] Vgl. DEREK J. DE SOLLA PRICE, Little Science, Big Science, Frankfurt am Main 1974.
[7] Vgl. J. GALTUNG, Wissenschaftsethik, in: JOSEPH SPECK, Hrsg., Handbuch wissenschaftstheoretischer Begriffe, Bd. 3, Göttingen 1980, S. 761 ff.
[8] Vgl. FELIX HAMMER, Selbstzensur für Forscher?, Zürich 1983.

Wenn der *amerikanische Glaube* an die „Kombination von Demokratie und Wissenschaft als einer sicheren Formel für humanen Fortschritt"[9] angesichts der atomaren Hochrüstung, industriellen Umweltzerstörung und strukturellen Arbeitslosigkeit im europäischen Westen überhaupt noch lebendig ist, dann guten Gewissens wohl nur noch in einer Neukombination, welche die maßgebliche Wertorientierung auf die erste Komponente verlagert. Diese ist nach weitverbreiteter Auffassung zu stärken und notfalls auch *gegen* den zweiten Fortschrittsfaktor zu stellen, wenn die Wissenschaft ihrer Verantwortung für die Folgen der Forschung nicht gerecht werden sollte.

Mehr Verantwortlichkeit der Wissenschaft durch Demokratisierung oder Versittlichung!, heißt die neue Leitlinie, je nach Politik- oder Moralvertrauen. Das ist allerdings leichter gesagt als getan. Wer hängt der Katze die Schelle um? Die *Wissenschaft* sich selber? – Eigenlob stinkt, Selbstkontrolle hinkt[10]. Der *Staat*? – Das hieße, den Teufel mit Beelzebub austreiben zu wollen[11]. *Wissenschaftsgerichtshöfe?* – So werden Böcke zu Gärtnern gemacht. *Bürgerinitiativen* „freier

---

[9] Don K. Price, The Scientific Estate, Cambridge, Mass., 1965, S. 1.

[10] Auf die Beschwörung der „intakten" Wissenschaftsmoral in der apologetischen Rede von Hans Mohr (Homo investigans – Homo politicus, Heft 4 der Vortragsreihe Hoechst AG, ohne Ortsangabe und Erscheinungsjahr, erschienen Frankfurt 1985) werde ich noch ausführlich zurückkommen.

[11] Wie es Paul K. Feyerabend neuerdings – in völliger Verkennung der Machtverhältnisse und Gefahrenlage – propagiert. Vgl. dazu den „Exkurs über das *Verhältnis von Wissenschaft und Staat in Feyerabends Sicht*", in Helmut F. Spinner, Popper und die Politik, Bd. I, Berlin und Bonn 1978, S. 579 ff.

Menschen"[12]? – *Sankt Florian*, vom Himmel hoch, grüßt *Paul Feyerabend* hienieden, beide weit vom Schuß entfernt. Wo die Bürokratie, der Not gehorchend und ganz gegen ihr innerstes Naturell, Blitzkrieg macht und vollendete Tatsachen schafft, üben Bürgerinitiativen den Sitzkrieg. Damit laufen sie heute der wissenschaftlichen Entwicklung hinterher, wie damals in den 60er Jahren die Neue Linke, ohne „gegen die herrschende Ratio eine prinzipiell andere Idee der Vernunft sichtbar zu machen"[13]. Diese Nachhut führt nicht[14], sondern blockiert nur, indem sie partikulare Interessen der unmittelbar Betroffenen und parteiliche Widerstände entfernter Besorgter mobilisiert.

Das alles ist weder avantgardistisch noch unternehmerisch und schon gar nicht alternativrational (dazu später ausführlicher). Es ist nicht einmal sonderlich demokratisch, wenn man die mittlerweile schon voraussehbare

---

[12] Vgl. PAUL FEYERABEND, Erkenntnis für freie Menschen, Frankfurt am Main 1979.

[13] MARTIN PUDER, Die Frankfurter Schule und die Neue Linke, Neue Deutsche Hefte, Bd. 18, Nr. 129, 1971, S. 113.

[14] Die Annahme, daß eine Nachhut führen könne, kommt nur demjenigen paradox vor, der wider alle geschichtliche Erfahrung unterstellt, daß die Führung einer Bewegung selbstverständlich bei den Vorhuten liegen müsse – sozusagen aus definitorischen Gründen, denn eine empirische Grundlage gibt es für diese Lebenslüge des *Avantgardismus* nicht, weder im politischen noch im militärischen oder intellektuellen Bereich.
Vgl. dazu die treffenden Bemerkungen bei OSKAR NEGT und ALEXANDER KLUGE, Geschichte und Eigensinn, Frankfurt am Main 1981, S. 1201 (Hervorhebungen im Original): „... die Nachhuten haben die Führung unter *wirklichen* Verhältnissen, die Vorhuten nur unter *gedachten*..." Genau so ist es! Gerade deshalb kann, wie ich später argumentieren werde, die Wissenschaft mit ihren Theorien in Führung gehen, ohne die Gesellschaft wirklich zu führen.

Paradoxie von Absicht und Erfolg dieser schon im Ansatz gescheiterten Gegenrationalisierungen bedenkt: Werden dadurch Forschung und Fortschritt der Wissenschaft nicht gezähmt, so doch Einfluß und Einmischung des Staates entfesselt, sei es direkt durch Auslösung wissenschaftspolitischer Maßnahmen oder indirekt durch Verrechtlichung statt Versittlichung der Verantwortungsfrage und Bürokratisierung statt Demokratisierung der Entscheidungsverfahren.

Anstelle von Macht und Masse und Moral – in dieser Reihenfolge: des Staates, der Bürger, der Wissenschaftler – möchte ich die Wissenschaft mit einer anderen Einrichtung unserer Gesellschaft in Verbindung bringen, um die *Rationalitätslücke* zu schließen, die darin besteht, daß wissenschaftliche Vernunft, Erkenntnis und Verantwortung buchstäblich immer nur halbe Sachen sind. Man soll sie nicht zerstören, darf sie aber auch nicht sich selbst überlassen. Wenn ich im folgenden den Journalismus mit der Wissenschaft symbiotisch verbinde, erscheint mir der eigene Vorschlag aktuell, ohne originell zu sein. Oder ist es umgekehrt? Das wäre schlechter.

Was für die Wissenschaft der Wandel von der akademischen Kleinforschung (von der Amateurforschung ganz zu schweigen, welche heute kaum noch Existenzchancen hat, obgleich hier privates Unternehmertum im Wettbewerb mit staatlichem Beamtentum dringend geboten wäre) zur industriellen Großforschung, das ist für den *Journalismus* der Weg von den „literarischen" Publikationsformen gebildeter Schriftsprache für das traditionelle Leserpublikum zu den neuen, vornehmlich visuellen *Großmedien* für ein Massenpublikum. Wenn der dadurch bedingte Wechsel in der Beurteilung von „idealistischer" (Journalismus als Beruf mit ethischen Normen, fairen Spielregeln, etc.) zu „realistischer" Einschätzung (Journalismus als Geschäft und Job wie andere auch, allenfalls moralisch noch fragwürdiger) weniger auffällig und die angeblich verlorene Unschuld (Ehre, Ethik) weniger wichtig erscheinen mögen, dann wohl deshalb, weil hier eine ursprüngliche Unschuldsvermutung kaum bestanden hat[15]. Der Journalist steht unter geringerem moralischen (aber größerem rechtlichen!) Druck und hat insofern weniger zu verlieren als der Wissenschaftler. Was jener diesem voraus hat, wird später zur Sprache kommen.

Zunächst zur *Wissenschaft:* Die Eigenart und Rolle des kognitiven Faktors zu klären, ist Aufgabe der *Wissenschaftstheorie*, welche sich dazu interdisziplinär – von der Logik und Erkenntnisphilosophie bis zur Informationstheorie und Kybernetik, je nach Fragestellung und Forschungsrichtung – weit ausfächern muß. Die soziale Institution Wissenschaft als Beruf & Betrieb wird von der *Wissenschaftssoziologie* untersucht. Die individuelle Verantwortung des Wissenschaftlers ist Sache der *Wissenschaftsethik*, die gesellschaftliche Verantwortung der Wissenschaft ein Problem der *Wissenschaftspolitik*, die rechtliche Verantwortung der Forschung eine offene Frage, wie wir noch sehen werden. – Vielleicht mit Ausnahme des letzten Punktes gilt sinngemäß dasselbe für den Journalismus, soweit man bereits von einer ausgearbeiteten Journalismustheorie, -soziologie, -ethik oder -politik sprechen kann.

Im folgenden werde ich mich darauf beschränken, aus den einschlägigen Beiträgen dieser Disziplinen der (noch

---

[15] Das geht gut hervor aus HERMANN BOVENTER, Journalistenmoral als „Media Ethics", Publizistik, Bd. 28, 1983, S. 19 ff.

nicht integrierten) Wissenschaftsforschung zur Thematik des *wissenschaftlichen Ethos* die Schlußfolgerungen hinsichtlich der *Verantwortlichkeit der Wissenschaft(ler)* – für was, von wem, womit, nach welchen Maßstäben, vor welchem Gericht? – zu ziehen. In dieser Absicht möchte ich in aller Kürze die Moral der Wissenschaft möglichst *moralfrei* untersuchen, also analysierend statt moralisierend! Es geht mir nicht um der Wissenschaft aufzuerlegende moralische Forderungen, sondern um die dem Beruf & Betrieb „eingebaute" ethische *Geschäftsordnung*, deren Bestimmungen, Bedingungen und Folgen.

Der Grund für diese moralische Zurückhaltung in der Beurteilung der realexistierenden Wissenschaft ist weder unsittlicher Zynismus noch uninformierter Optimismus hinsichtlich der fraglichen Verhältnisse, also Gleichgültigkeit gegenüber dem Sollzustand oder Blindheit gegenüber dem Istzustand unseres Berufs & Betriebs. Es ist vielmehr ein wissenschaftlicher Realismus wertfreier Wirklichkeitsbetrachtung, welcher die vorherrschenden Geschäftsbedingungen im Untersuchungsbereich ohne ideologische Nachbesserung aufzuzeigen versucht.

Denn *Strukturdefekte lassen sich durch Moral grundsätzlich nicht heilen*, weder in der Wirtschaft noch in der Wissenschaft oder sonstwo in der Gesellschaft. Daß Wissenschaftler keineswegs ethisch unmusikalisch sind und die Wissenschaft mit ihrer „Ethik voll Strenge und Zwang" nach *Mohrs*[16] (unbelegter) Feststellung „*moralisch* nicht versagt" habe, spricht – beim Wort genommen und genau bedacht – nicht gegen, sondern *für* die Ohnmachtsthese

---

[16] MOHR, Homo investigans (s. o. Anm. 10). – Das erste Zitat wird hier ohne Quellenangabe JACQUES MONOD zugeschrieben, das zweite ist MOHRS eigene These auf S. 3 (Hervorhebung im Original).

von Moralen gegenüber Strukturen. Immerhin ist die ausgebliebene Strukturreform im Bildungs- und Wissenschaftssystem der Bundesrepublik international fast ebenso sprichwörtlich wie beispielsweise der Parallelfall im amerikanischen Gesundheitswesen[17]. Die noch zu diskutierende *institutionell eingebaute individuelle und kollektive Unverantwortlichkeit der Wissenschaft für die Folgen der Forschung* wäre ein noch besserer Paradefall für die strukturelle Ohnmacht sogar einer Moral, welche „das leistungsfähigste sittliche Prinzip" einschließt, das im Laufe der kulturellen Evolution entstanden ist"[18]. Wenn das am grünen Holz eines angeblich vollständig intakten[19] wis-

---

[17] Vgl. WOLFGANG ZAPF, Die Wohlfahrtsentwicklung in Deutschland seit der Mitte des 19. Jahrhunderts, in: WERNER CONZE und M. RAINER LEPSIUS, Hrsg., Sozialgeschichte der Bundesrepublik Deutschland, Stuttgart 1983, S. 46 ff., speziell S. 56: „Die Bundesrepublik gehört zu den wenigen Industriestaaten ohne eine umfassende Reform (des Bildungswesens, H. S.) in Richtung auf ein integriertes Schulsystem."

[18] HANS MOHR, Wissenschaft und Bildung, in: HELMUT KREUZER, Hrsg., Literarische und naturwissenschaftliche Intelligenz – Dialog über die „zwei Kulturen", Stuttgart 1969, 4. These S. 158. So sinngemäß auch bei MOHR, Homo investigans, S. 3.

[19] MOHR scheint nicht zu sehen, wie sehr der von ihm geschilderte (Homo investigans, S. 15 ff.) *Fall* HABER seiner Intaktheitsthese widerspricht. Indem FRITZ HABER „seine überragenden Fähigkeiten 1914 dem Kaiser und dem Generalstab uneingeschränkt zur Verfügung" (S. 15) stellte für die chemische Kriegsführung, verletzte er nicht nur die *Haager Konvention*, sondern auch das *wissenschaftliche Ethos* „uninteressierter" Wahrheitssuche. Vgl. dazu auch GILBERT F. WHITTEMORE, JR., World War I, Poison Gas Research, and the Ideals of American Chemists, Social Studies of Science, Vol. 5, 1975, S. 135 ff. Diese Art von Forschung war wohl am wenigsten vom interesselosen Wohlgefallen (im Sinne KANTS) an der Erkenntnis als solcher geleitet, wie es das „intakte" wissenschaftliche Ethos nach MOHRS eigener, in diesem Punkt allerdings nicht ganz korrekter (s.

senschaftlichen Ethos geschieht, was soll dann erst am dürren Holze – etwa der politischen Moral – geschehen, könnte man hier mit der Bibel fragen, *falls* man daraus der Wissenschaft einen Vorwurf machen wollte (was ich aus dem bereits genannten Grunde nicht tue).

Wenn sich also herausstellen sollte, daß das wissenschaftliche Ethos strukturbedingt – infolge der institutionellen Gegenwirkung des Berufs & Betriebs oder der „Reibung" der Realität schlechthin – nicht in Ordnung sei oder nicht zur Wirkung kommen sollte oder weitergehenden Verpflichtungen zur Verantwortlichkeit genügen müßte, dann wäre der Wissenschaft nicht mehr Moral, sondern eine bessere Struktur zu geben: durch *Institutionenreform oder -neubildung*. Moralische Verpflichtungsprogramme ohne nachhaltige Wirksamkeit oder strukturelle

---

S. 48 ff.) Auslegung erfordert hätte. Die „interessierte" Forschung im Dienste des Staates unter Opferung der moralischen Grundwerte des wissenschaftlichen Ethos (Uninteressiertheit, Öffentlichkeit, Internationalität, etc.) auf dem Altar partikularer, insbesondere nationaler Interessen ist der heute häufigste Sündenfall der Wissenschaft (vgl. HANS RAJ ANAND und JOSEPH HABERER, Scientific and Political Orientation of American Scientists, Research Policy, Vol. 7, 1978, S. 26 ff.) und der wichtigste Überprüfungsfall für die Intaktheitsthese.

MOHR sieht die persönliche Tragik HABERS, nicht aber die sie überdauernde strukturelle Konfliktlage des wissenschaftlichen Ethos, die dessen Intaktheit – durch geschichtliche Studien und empirische Untersuchungen leider nur allzu gut belegt – keineswegs unberührt läßt. Ganz im Gegenteil zu dem von MOHR konstruierten Gegensatz zwischen „immer ambivalent(er)" (S. 14) Technik und moralisch „intakter" Wissenschaft sitzen beide in *einem* schwankenden Boot. Zur moralischen und sonstigen *Ambivalenz der Wissenschaft* vgl. ROBERT K. MERTON, Sociological Ambivalence and Other Essays, New York und London 1976, Teil I; aus der Perspektive des Praktikers HORST RÖPKE, Industrieforscher im Wertekonflikt, Chemische Industrie, Heft 4, 1985.

Veränderungsprogramme ohne praktische Durchsetzbarkeit sind die beiden üblichen Hörner des Dilemmas, an dem sich die Geister nicht nur in der Wissenschaft scheiden. Wiederum dürfte sinngemäß dasselbe für den Journalismus zutreffen.

Damit habe ich dem weiteren Argumentationsgang von der Geschäftsordnung auf die überkommene Verantwortungsregelung und deren Neubestimmung vorgegriffen. Um die systematischen Zusammenhänge zwischen dem einen und dem anderen aufzuzeigen, soll nun Schritt für Schritt vorgegangen werden. Deshalb muß ich zuerst über die Wissenschaft selber sprechen, deren Geschäftsbedingungen in ihrem maßgeblichen Inhalt zu erfassen und hinsichtlich ihrer Folgen zu beurteilen sind.

I. Die Wissenschaft als Teil der modernen Gesellschaft

Um die Wissenschaft erst einmal in den Blick zu bekommen, müssen wir wenigstens ungefähr wissen, was sie ist und in welcher gegenwärtigen Gestalt sie auftritt. Um sie sodann auch in den Griff zu bekommen, müssen wir schon etwas genauer wissen, wie sie überhaupt grundsätzlich erfaßt und im einzelnen untersucht werden kann: zum Beispiel, wie hier, im Hinblick auf ihre Geschäftsordnung.

Das ist Sache der Wissenschaftstheorie und Empirischen Wissenschaftsforschung, mit der bereits erwähnten Arbeitsteilung. Ihre Untersuchungen zielen auf eine Art *Anatomie der Wissenschaft*[20] ab. Was bis jetzt herausgekommen ist, geht über eine *Skizze ihres Skeletts* kaum hinaus. Wird damit das Wesentliche erfaßt, kann aber die gröbste Umrißzeichnung aufschlußreicher sein als die detaillierteste Darstellung irgendwelcher Einzelheiten.

---

[20] Jedoch in anderer Ausrichtung und Ausgestaltung als bei FRIEDRICH H. TENBRUCKS unsystematisch herausgegriffenen, aber durchaus aufschlußreichen Beobachtungen zu einer „Anatomie der Wissenschaft", in seinem Buch: Die unbewältigten Sozialwissenschaften oder Die Abschaffung des Menschen, Graz, Wien, Köln 1984, S. 267ff. Von meinen vier Eckpunkten des Orientierungssystems wird hier lediglich die *Wertorientierung der Wissenschaft* in der Tradition MAX WEBERS näher betrachtet.

Im folgenden mache ich einen Skizzierungsversuch der Wissenschaft im Hinblick auf ihr Ethos, welches aber bewußt verfremdend (und ernüchternd) nicht als „Moral", sondern als „Geschäftsordnung" beschrieben wird[21]. Das macht sie nicht schlechter, als sie ist, läßt sie aber auch nicht besser erscheinen, als sie es im Wissenschaftsbetrieb ist und unter dessen Strukturbedingungen gar nicht anders sein kann.

1. Die Doppelgestalt der Wissenschaft und ihre vierfache Untersuchungsmöglichkeit

Die moderne Gesellschaft braucht Wissenschaft, lebt aber natürlich nicht von ihr allein. Das Umgekehrte kommt der Wahrheit auch heute noch näher. Die Wissenschaft ist – auch als Großforschung – nur ein kleiner Teil des Ganzen, dafür aber in doppelter Ausführung: als *Erkenntnissystem* ein Bruchteil des gesamten menschlichen Wissens, als *Sozialsystem* ein schätzungsweise noch viel geringerer Bestandteil der Gesamtgesellschaft.

Das Erkenntnissystem umfaßt die wissenschaftlichen Formen und Inhalte unseres Wissens – Theorien, Daten,

---

[21] Die Wissenschaft und ihre Moral *geschäftsordnend* statt „moralisch" oder „kritisch" zu untersuchen, unterscheidet die folgende Darstellung und Diskussion von der vorherrschenden Wissenschaftsapologie wie -kritik. Das entspricht nicht ganz, sondern nur in der distanzierten Geschäftlichkeitsperspektive dem Vorgehen BRECHTS, dem es darüber hinaus darum geht, „eine geschäftsordnende Haltung als eine heroische zu fixieren" (Gesammelte Werke, Bd. 17, Frankfurt am Main 1967, S. 1030). – Dadurch würde die geschäftsordnende Analyse zu einer rühmenden Apologie, wie von BRECHT beabsichtigt, wozu ich aber im Falle der Wissenschaft ebensowenig Anlaß sehe wie zur Geschäftsschädigung.

Formeln, Folgerungen, Argumente, usw. – „an sich", d. h. abgelöst sowohl vom persönlichen Bezug zum Wissenserzeuger und -verwender („dem Subjekt") als auch von der gesellschaftlichen Umwelt (dem „sozialen Kontext"). Dieser Wissenskomplex bildet den eigentlichen *kognitiven Faktor*, soweit dieser aus wissenschaftlichen Erkenntnissen besteht. Im weiteren Bereich der Gesellschaft kommen dazu noch außerwissenschaftliche kognitive Elemente, beispielsweise Alltagswissen oder jene Arten von „Informationen", mit denen es der Journalismus zu tun hat.

Das Sozialsystem setzt sich aus jenen nichtkognitiven Komponenten zusammen, welche die *Institution Wissenschaft* bilden: also aus der sozialen Einrichtung des wissenschaftlichen Berufs & Betriebs in ihrer gesellschaftlichen Einbindung, mit allen sozialen Bestandteilen und Beziehungen der Mitglieder, welche bestimmungsgemäß der wissenschaftlichen Erkenntnis dienen. Darin liegt die *soziale Funktion* der Institution Wissenschaft, nach vorherrschender Auffassung – der im folgenden nicht voll zugestimmt werden kann – hauptsächlich getragen vom *wissenschaftlichen Ethos*, das zum institutionellen Kernbestand des wissenschaftlichen Subsystems zählt.

Die Aufteilung des Wissenschaftskomplexes in ein Erkenntnis- und Sozialsystem ist natürlich eine künstliche Trennung in rein analytischer Absicht, um das relativ kleine, aber trotzdem nicht leicht zugängliche Untersuchungsfeld des Gesamtunternehmens Wissenschaft in handliche Forschungsbereiche einzuteilen. Das erlaubt es, je nach Erkenntnisinteresse die Untersuchung mal auf die kognitiven, mal auf die sozialen Aspekte der Wissenschaft zu konzentrieren. In Wirklichkeit gehört alles zusammen und muß letztlich auch zusammen gesehen werden, wenn man ein „richtiges" Bild der „ganzen" Wissenschaft zeichnen will.

Erkenntnis- und Sozialsystem bilden nicht unbedingt eine völlige Einheit, in der alles zusammenpaßt – das soziale Element der Verbeamtung und Verbürokratisierung von Beruf & Betrieb paßt schwerlich zu jenen kognitiven Zügen offener, innovativer, experimenteller Forschung & Lehre, woraus sich das zutiefst unstimmige ideologische Selbstverständnis vom geistigen Unternehmertum in rechtlich abgesicherter Position ergibt[22] –, aber doch ein praktisches Ganzes aus vielen zusammengehörigen und irgendwie, recht und schlecht, auch zusammenwirkenden Teilen. Das Erkenntnisproblem für die Wissenschaftsforschung besteht nun darin, solche *Teile* zu erfassen, welche zwar immer nur ein unvollständiges Bild der Wissenschaft ergeben, aber doch das *Ganze* im wesentlichen erkennen lassen: um zu sehen, was diese kleine Welt im Innersten zusammenhält (frei nach *Goethe*). Nach *Brecht* ist das die Geschäftsordnung, sei sie nun im Falle der Wissenschaft letztlich Moral oder Methode oder Markt oder Recht... Das eine ist Faktum und Funktion,

---

[22] Dem Unternehmertum am nächsten kommt in der heutigen Wissenschaft der *Privatdozent*, welcher *Wissenschaft als Beruf ohne Job* ausübt. Da er so gut wie keine Betriebsmittel besitzt, trägt er sogar ein erhöhtes Unternehmerrisiko angesichts subventionierter Konkurrenten und geschlossener Märkte. MAX WEBER hat ihn mit Recht zum *marginal man* des akademischen Wissenschaftsberufs heroisiert (Gesammelte Aufsätze zur Wissenschaftslehre, 3. Aufl., Tübingen 1968, S. 582 ff.), so wenig seine heutigen, von Existenzangst demoralisierten Vertreter diesem Bild entsprechen mögen. So sind sie, nicht ohne eigenes Zutun, zur Manövriermasse der Wissenschaftsrealpolitik geworden, die übrigens hauptsächlich eine Politik der Wissenschaftler und von diesen zu verantworten ist.

das andere Titelei und Rationalisierung (im Sinne der Psychoanalyse).

Entgegen dieser löblichen Absicht laufen hier die Forschungsrichtungen auseinander, ohne bislang im Rahmen einer integrierten Wissenschaftsforschung zu einem *Gesamtbild* der Wissenschaft zu kommen. So greifen die meisten Wissenschaftstheoretiker auf den kognitiven Faktor der wissenschaftlichen *Methodik* zurück, während die meisten Wissenschaftssoziologen auf die soziale Funktion der wissenschaftlichen *Ethik* verweisen, ohne beides zugleich in den Griff zu bekommen. Wie immer man die unbestreitbaren Vorzüge und Nachteile dieser Ansätze beurteilen mag, so handelt es sich dabei doch nur um besondere analytische Optionen aus einem vielseitigeren *allgemeinen Spektrum von Untersuchungsmöglichkeiten der Wissenschaft*, aber auch der Wirtschaft, des Rechts oder anderer Gesellschaftsbereiche.

Diese einfache Systematik des Orientierungsrahmens menschlichen Sichverhaltens in der Welt sowie des darauf bezogenen Untersuchungsrahmens der damit befaßten Wissenschaften ist meines Erachtens von grundsätzlichem Interesse und soll deshalb hier kurz beschrieben werden. In den weiteren Ausführungen geht es dann darum, die *Optionen für das wissenschaftliche Ethos* in dieses Analyseschema einzuordnen und an seinem systematischen Platz in der Wissenschaft näher zu untersuchen.

Die kognitive und soziale Dimension der Wissenschaft sind lediglich Partialsysteme, welche zusammen das „Doppelwesen" *Wissenschaft* bilden. Obgleich nur Teil eines größeren Ganzen, sind beide Erscheinungsformen trotzdem in sich grundsätzlich vollständige Wirklichkeitsbereiche („ausdifferenzierte Subsysteme" in der

Sprache der soziologischen Systemtheorie[23]), an denen im wesentlichen „alles dran" ist, was zum Ganzen der Wissenschaft, Wirtschaft, Religion oder anderer Gesellschaftssektoren gehört, nämlich die vier Eckpunkte des menschlichen Orientierungsrahmens: *Werte*, deren Verwirklichung angestrebt wird; *Normen*, die dafür aufgestellt werden; *Prozesse*, die in Gang zu setzen sind; schließlich *Resultate*, die damit erreicht werden sollen.

Diesen Bezugsrahmen nenne ich das *Vierpunkt-Orientierungssystem* menschlichen Verhaltens (im Denken, Handeln, Fühlen, Wollen) bzw. das *Vierpunkt-Analyseschema* seiner wissenschaftlichen Untersuchung. Als Leitgedanke liegt ihm die Überlegung zugrunde, daß der Mensch mit seinem ganzen Tun und Lassen bestimmte *Werte* zu verwirklichen sucht, die er akzeptiert hat, um sich an ihnen mehr oder weniger andauernd zu orientieren. Diese verhältnismäßig festen Sollpositionen in seinem Orientierungsrahmen sind ihm so wichtig, daß er zu ihrer Realisierung starke Gründe (Motivation) hat und erhebliche Mittel (Ressourcen) einzusetzen bereit ist.

---

[23] Ich denke dabei vor allem an NIKLAS LUHMANNS' monomanische, aber faszinierende Theorie des Gesellschaftssystems und seiner Teilsysteme, unter denen die Wissenschaft nicht die wichtigste, aber intellektuell aufschlußreichste Rolle spielt. Ihrem Studium sind die folgenden Ausführungen gewidmet, ohne dafür die sehr speziellen Theoreme der Systemtheorie in Anspruch zu nehmen (wie sie nun zusammengefaßt sind in LUHMANNS jüngster Monographie: Soziale Systeme, Frankfurt am Main 1984).

Systemtheorie ist meines Erachtens weder die einzige, noch die beste systematische Analyse der Wissenschaft, trotz LUHMANNS subtiler systemtheoretischer Auslegung der funktionalen Selbststeuerungsthese (Soziologische Aufklärung, Bd. I, Opladen 1970, S. 232 ff.).

Die Doppelgestalt der Wissenschaft

Werte treiben den Menschen zum Handeln an, welches deshalb ebenso einfach wie sinnvoll als deren Verwirklichungsversuch verstanden werden kann. Für Forscher mag das Erkenntnis sein – allerdings nicht beliebige „Wahrheiten", sondern wissenswerte! –, für den Politiker Macht, für den Unternehmer Gewinn, für den Richter Gerechtigkeit, wobei natürlich auch ganz andere Zuordnungen möglich sind, je nach Interessenlage und Handlungssituation. Werte motivieren *nachhaltig* zum Handeln, das sich an ihnen längerfristig ausrichtet. (Bei rein zufälliger, ganz kurzfristiger oder schnell wechselnder Orientierung handelt es sich nicht um stabile Wertpositionen, sondern um bloße „Einstellungen", wobei die Übergänge praktisch fließend sind.) Psychologisch verankert sind Werte auf der individuellen Ebene in der „Gesinnung" des Einzelnen, auf der gesellschaftlichen Ebene in der „Mentalität" größerer Gruppen („sozialer Schichten").

Wertpositionen sind erfahrungsgemäß in der Gesinnung oder Mentalität ihrer Träger zwar fest verankert, aber inhaltlich unklar gelassen, wenn überhaupt dann nur undeutlich ausgedrückt („artikuliert"), deshalb vielseitig auslegbar und interpretationsbedürftig, um zu eindeutigen Verhaltensrichtlinien zu führen. Über die Wichtigkeit des Wahrheits*wertes* können wir uns viel leichter einigen als über die genaue Bedeutung des Wahrheits*begriffs*, wie auch im Falle der Gerechtigkeit oder anderer Grundwerte. Die *Pilatus*-Frage „Was ist Wahrheit?" ist fast immer berechtigt (und wurde von *Jesus* bezeichnenderweise nur ausweichend beantwortet).

Werte bedürfen also spätestens dann, wenn sie *auf Dauer geschaltet* werden, damit sie in gleicher oder ähnlicher

Weise immer wieder verwirklicht werden können, eindeutiger Formulierung und nachdrücklicher Stabilisierung. Das geschieht mit Hilfe von *Normen* (Regeln, Gesetzen, Grundsätzen), durch welche Werte „kodifiziert" (verbal fixiert), „generalisiert" (in sachlicher, zeitlicher, räumlicher Hinsicht verallgemeinert) und „institutionalisiert" (unter „Sanktion" gestellt, d. h. mit Belohnungs- und Bestrafungsvorschriften versehen) werden. Der Wert des Lebens liefert keine unzweideutige, unstrittige, verbindlich auferlegbare Handlungsrichtschnur. Das leistet erst seine Normierung durch die Gesetze über Mord, Totschlag, Körperverletzung, Abtreibung. Sinngemäß dasselbe gilt für den Wert des wissenschaftlichen Erkenntnisfortschritts und die darauf bezogenen Spielregeln der Wissenschaft, wobei später die Frage sein wird, *welche* Normen für die Forschungspraxis maßgeblich und bei Wissenschaftlern verhaltenssteuernd sind: die „moralischen" Maximen der Ethik oder die „technischen" Regeln der Methodik?

Zum Handeln motiviert durch vorausgesetzte Werte, im Ablauf gesteuert durch ethische, methodische, strategische oder sonstige Regeln, werden nun *Prozesse* in Gang gesetzt, welche bestimmte *Resultate* zeitigen – wenn alles gut geht, solche Ergebnisse, die als Verwirklichung der angestrebten Wertpositionen erscheinen. Wenn nicht, müssen in rückgekoppelter Fehlerkorrektur Werte, Normen und/oder Prozesse geändert werden. Wird der Wertekatalog als Ziel- und das Regelwerk als Rationalitätsvorgabe verstanden, handelt es sich hierbei im allgemeinsten Sinne um einen *Rationalisierungsprozeß*[24], dessen

---

[24] Zur Rekonstruktion des WEBERschen Rationalisierungsprozes-

Die Doppelgestalt der Wissenschaft

Abb. 1: *Vierpunkt-Orientierungsschema* für die Untersuchung der Wissenschaft durch Bestimmung ihrer WNPR-Parameter und die Rekonstruktion des Rationalisierungsprozesses als Vierphasen-Modell

I. *Wertorientierung*
(als individuelle Antriebs- und soziale Rechtfertigungsgrundlage)

III. *Prozeßorientierung*
(Funktionsmodus, sozialer Mechanismus, Transformationsmuster)

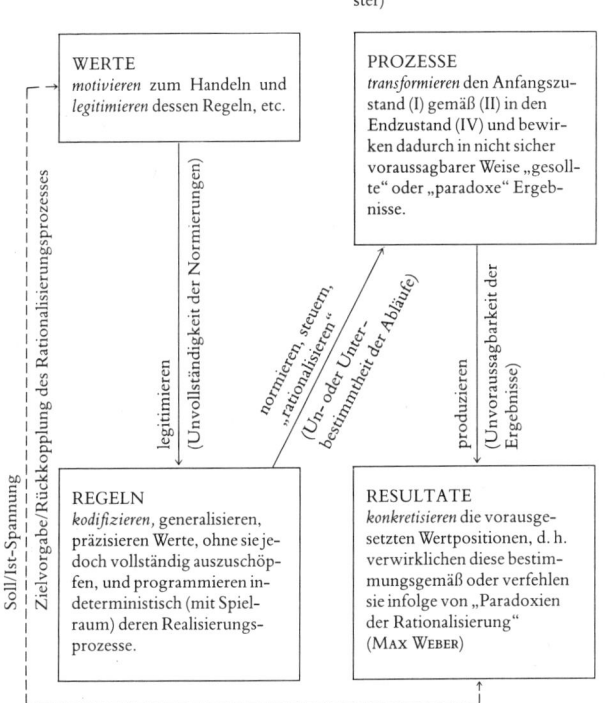

WERTE
motivieren zum Handeln und *legitimieren* dessen Regeln, etc.

PROZESSE
transformieren den Anfangszustand (I) gemäß (II) in den Endzustand (IV) und bewirken dadurch in nicht sicher voraussagbarer Weise „gesollte" oder „paradoxe" Ergebnisse.

legitimieren
(Unvollständigkeit der Normierungen)

normieren, steuern, „rationalisieren"
(Un- oder Unterbestimmtheit der Abläufe)

produzieren
(Unvoraussagbarkeit der Ergebnisse)

REGELN
kodifizieren, generalisieren, präzisieren Werte, ohne sie jedoch vollständig auszuschöpfen, und programmieren indeterministisch (mit Spielraum) deren Realisierungsprozesse.

RESULTATE
konkretisieren die vorausgesetzten Wertpositionen, d. h. verwirklichen diese bestimmungsgemäß oder verfehlen sie infolge von „Paradoxien der Rationalisierung"
(MAX WEBER)

Soll/Ist-Spannung
Zielvorgabe/Rückkopplung des Rationalisierungsprozesses

II. *Regel- bzw. Normorientierung*
(Regelwerk, Normenkatalog, etc. als Rationalitätsvorgabe in Gestalt einer richtungsweisenden Ethik, anleitenden Technik, kontrollierenden Methodik)

IV. *Resultatorientierung*
(Ergebnisbilanz mit dem gesamten Output einschließlich unvorhergesehener, ungewollter Neben- und Gegenwirkungen)

Grundzüge mit Hilfe des Vierpunkt-Schemas in einem Diagramm dargestellt werden können (siehe *Abb. 1*).

Je schöpferischer ein solcher Prozeß ist, desto weniger ist er im einzelnen von vornherein festgelegt, desto größer sind die Spielräume und Freiheitsgrade. Noch mehr als für andere Tatbestände gilt deshalb für Forschung und Entwicklung: Die Werte der Wissenschaft werden durch ihre Regeln nur *unvollständig* und „unzuverlässig" normiert, mit der Gefahr von Lücken und Spielraum für Abweichungen. Die eigentlichen Erkenntnis- und Innovationsvorgänge bleiben im konkreten Ablauf verhältnismäßig *unbestimmt* und in mancher Hinsicht gänzlich ungesteuert. Folglich sind die Endergebnisse so oder so – bei positivem wie negativem Ausgang – grundsätzlich *unvoraussagbar*.

Der Zusammenhang zwischen Wert-, Regel-, Prozeß- und Resultatorientierung läßt sich im Vierpunkt-Schema auf folgende *Thesen* bringen: Normen verdeutlichen und verkörpern Werte, ohne sie je ausschöpfen zu können. (Folglich darf das wissenschaftliche Ethos, wie „intakt" auch immer, nicht mit dem Wert der Wahrheit oder Wissenschaft gleichgesetzt werden, den es, wie erfolgreich auch immer, zu normieren und realisieren versucht.) Als handlungsleitende Regeln gefaßt, steuern sie den Ablauf von Realisierungsprozessen, ohne ihn im voraus in allen Einzelheiten festlegen („determinieren") zu können.

Gemessen an der Zielvorgabe der Ausgangs-Wertposi-

---

ses im Rahmen des Vierpunkt-Orientierungssystems siehe SPINNER, Artikel „Rationalismus, okzidentaler, moderner, modernistischer; Rationalisierung und Modernisierung", in: DIETER NOHLEN und RAINER-OLAF SCHULTZE, Hrsg., Pipers Wörterbuch zur Politik, Bd. I, München 1985.

tion, führen die eingeleiteten Prozesse regelmäßig zu irgendwelchen Resultaten, ohne jedoch „wertwidrige" Ergebnisse ausschließen zu können. Denn wegen der Unbestimmtheit der ersteren und der Unvoraussagbarkeit der letzteren zeitigen *dieselben* Regeln und Prozesse unvermeidlich „gute" und „schlechte" Resultate. So führen etwa in der Wissenschaft *dieselben* Methoden zu wahren und falschen Aussagen, so daß die unerwünschten Ergebnisse nicht von vornherein ausgeschlossen, sondern erst *im nachhinein* wieder aussortiert werden können: durch rückgekoppelte Rationalisierung, wie bereits beschrieben und in *Abb. 1* skizziert.

2. Die moderne Wissenschaft und ihre Eigenparameter

Ausgerüstet mit dem Vierpunkt-Orientierungssystem, läßt sich nun damit die beabsichtigte Analyse der Wissenschaft – und wenn man sie damit vergleichen will: desgleichen des Journalismus oder anderer Vergleichsfelder in der modernen Gesellschaft – in drei Schritten durchführen:

Zunächst einmal ist das Grundschema auf den Wissenschaftsbereich zu übertragen. Das ist meines Erachtens ohne weiteres möglich, weil es den vorfindlichen Verhältnissen des wissenschaftlichen Erkenntnis- und Sozialsystems besonders gut entspricht. Das Schema „paßt", wie angegossen. (Kein Wunder, da es darauf zugeschnitten worden ist: ein Maßanzug, sofern bei den jeweiligen Eigenparametern nur richtig Maß genommen wird.)

Sodann ist die Grundentscheidung zu fällen, welche Analyserichtung zweckmäßigerweise zu verfolgen ist, um mit einer Teiluntersuchung Wesentliches vom Ganzen zu erfassen. Das Analyseschema bietet der Wissenschaftsforschung vier Ansatzmöglichkeiten, welche zwar alle grundsätzlich offenstehen, aber nicht unbedingt gleichermaßen sinnvoll und fruchtbar sind. Für die Verhältnisse in dem einen Problembereich mag die Untersuchung der darin vorherrschenden Wertorientierung, in dem nächsten Bereich die Regelorientierung, in anderen Bereichen die Prozeß- oder Resultatorientierung den besten Ansatzpunkt bieten, der die aufschlußreichsten Einsichten in die typische Eigenart des Sachgebietes vermittelt. Wo die Wert- zugunsten der Resultatorientierung zurückgedrängt ist (wie etwa auf Märkten, wo nur das Ergebnis zählt und deshalb nur das Endprodukt ins Gewicht fällt), wo es kaum Regeln und keine ausgeprägte Normstruktur gibt (wie in der modernen Kunst), da wäre eine wert- bzw. regelorientierte Darstellung der Sachverhalte wenig sinnvoll. Erstere würde für die Religion und Erziehung, letztere für das Recht und die Verwaltung angebrachter sein. Das ist nun für die Wissenschaft zu überprüfen, um den vielversprechendsten Ansatzpunkt im Rahmen des Vierpunkt-Schemas zu bestimmen. Daraus ergibt sich der Schwerpunkt der Untersuchung.

Abschließend sind in allen Ansatzpunkten, insbesondere natürlich im ausgewählten Hauptpunkt, die kennzeichnenden Wert/Norm/Prozeß/Resultat-Maßgaben für die Wissenschaft festzustellen – möglichst konkrete Meßzahlen, welche die *WNPR-Parameter* der Wissenschaft bilden, zum Beispiel Inhalt und Intensität der wissenschaftlichen Wertorientierung oder den Rationalisierungsgrad des Erkenntnisprozesses gemäß technischen oder moralischen Normen. Auch wenn dieser nicht gemessen werden kann, so läßt er sich doch ungefähr abschätzen. Damit ist das Thema des wissenschaftlichen Ethos im Analyseschema für die nähere Untersuchung genau lokalisiert.

Auf die Wissenschaft übertragen, besagt das Vierpunkt-Orientierungssystem, zunächst ganz allgemein gesprochen: Ausgehend von zugrunde gelegten Werten (*Wertorientierung* der Wissenschaft), welche zwecks Verdeutlichung und Durchsetzung in Normen oder Regeln gefaßt sind *(Regelorientierung*[25]*)*, mittels denen der Forschungsprozeß gesteuert wird *(Prozeßorientierung)*, um bestimmte Ergebnisse zu erzeugen *(Resultatorientierung)*, versucht die Wissenschaft jene sich selber als allgemeine Zielvorgabe vorausgesetzten Wertpositionen auf eine ganz besondere, eben „wissenschaftliche" Art und Weise zu verwirklichen.

Die zentralen Wertsetzungen betreffen *Erkenntniswerte*, die wichtigsten Resultate sind neue *Forschungsergebnisse*, d. h. für Wissenschaftler *wissenswerte* und von der Forschungsgemeinschaft *annehmbare* bislang *unbekannte* „Wahrheiten". Wissenschaftlich relevant, akzeptabel und innovativ zu sein, sind verschärfende Bedingungen für die insoweit sachlich, hinsichtlich der Akzeptierbarkeit oft auch ideologisch eingeschränkte „Suche nach der Wahrheit" durch die Wissenschaft. Das sollte man nicht aus dem Auge verlieren, wenn man die Leistungen der wissenschaftlichen Ethik und Methodik beurteilen will. Intakt zu sein, besagt hier nicht unbedingt, daß alles be-

---

[25] Wegen des gleichen Anfangsbuchstabens von *R*egeln und *R*esultaten spreche ich in der *WNPR*-Abkürzung von *N*ormorientierung, obgleich *Regel*orientierung sachlich zutreffender wäre, vor allem wegen der dafür etwas zu engen „normativen" Bedeutung des Normbegriffs.

stens ist. Intaktheit ist ein ziemlich steriles Ideal – oder, schlimmer noch, eine kontrafaktische Ideologie.

Abweichend von anderen Wissens- und Gesellschaftsbereichen, für sich aber kennzeichnend hat die Wissenschaft eigene *WNPR-Parameter*, welche in Thesen und Stichworten wie folgt beschrieben werden können:

(1) Die Wissenschaft hat eine „kognitive" Wertorientierung!
Die Wissenschaft ist darauf ausgerichtet, „kognitive" (d. h. erkenntnismäßige oder erkenntnishaltige) Werte wie Wissen, Wahrheit, Information, Argumentation, Analyse, Erklärungen, Voraussagen, Befunde, Berichte zu verwirklichen, welche im Ergebnis zur Erkenntnis der Wirklichkeit führen. Auf die praktische Ebene des menschlichen Verhaltens übertragen, erfordert die wissenschaftliche Wertorientierung ein *Handeln nach Wissenslage* – an erster Stelle also „nach bestem Wissen" statt gewissens-, gewohnheits-, gefühls- oder willensorientiert. Das wäre kognitiv orientiertes *rationales* Verhalten anstelle von moralischem, traditionalem, emotionalem oder politischem Handeln. Wie früher die Aufklärung, so verlangt heute die wissenschaftliche Wertorientierung als ihr Vernunftideal „ein an Information und immer mehr Information rational orientiertes Verhalten"[26] im Rahmen der aufkommenden Wissens- oder Informationsgesellschaft[27].

---

[26] Anders als Jürgen Habermas (Strukturwandel der Öffentlichkeit, 5. Aufl., Neuwied und Berlin 1971, S. 52) sehe ich darin weniger ein spezielles Entwicklungsprodukt des Kapitalismus als ein allgemeines Vernunftkonzept, das auf der Linie des noch zu erläuternden *Prinzips Kritik* liegt (s. S. 67 ff.).

[27] Siehe dazu oben, Anm. 1–3.

(2) Die Wissenschaft hat eine „rationale" Regelorientierung!

Wenn man Rationalität als eine Sache von Regeln auffaßt, dann liegt die wissenschaftliche Rationalität im *Regelwerk* der Wissenschaft, nicht etwa in ihren Resultaten. Das ist im Erkenntnisbereich ähnlich wie im Recht, dessen typische „juridische Vernunft"[28] in den eigenen Regeln und Normen – also hauptsächlich in den Gesetzen – enthalten ist, keineswegs unbedingt auch in den Gerichtsurteilen, welche ja im Einzelfall „unvernünftig" und sogar gesetzeswidrig sein können. Grundsätzlich verhält es sich genauso in der Wirtschaft mit den Regeln („Marktgesetzen") und Resultaten (Produkten, Preisen, Güter- und Einkommensverteilungen) des Wettbewerbs.

Auch wenn nun völlige Einigkeit über diese Vernunftauffassung der wissenschaftlichen Rationalität als den Regeln der Forschung bestünde[29], wäre sodann erst zu klären, *welche* Regeln für die wissenschaftliche Erkenntnis maßgeblich sind und letztlich die Vernunft der Wissenschaft verkörpern. Ihrer Doppelnatur als Erkenntnis- und Sozialsystem entsprechend, hat die Wissenschaft eine normative Zwillingsanlage mit *zwei* Regelwerken: einerseits die *technischen Regeln* (Methoden, Standards), welche den Erkenntnisprozeß unmittelbar steuern; andererseits die *ethischen Regeln* (Ethos, Moral), welche der sozialen Ein-

---

[28] Vgl. WERNER KRAWIETZ, Recht als Regelsystem, Wiesbaden 1984.
[29] Das ist eine kontroverse Position POPPERS, gegen die neuerdings gewichtige Einwände vorgebracht werden, denen zufolge die Regeln der Forschung allenfalls implizit (POLANYI), unvollständig und unzulänglich (KUHN) oder unnütz und überhaupt nichtexistent sind (FEYERABEND). Damit ist – getrennt statt vereinigt – in der Regelfrage das gesamte Spektrum der „Doppelvernunft" abgesteckt (dazu später S. 40f., 101ff.).

richtung („Institution") der Wissenschaft zugrunde liegen und vielleicht den Forschungsprozeß indirekt mitbestimmen.

Auf diese Alternative in der Regelorientierung wird sich die Frage nach der Struktur und Funktion wissenschaftlicher Verantwortung für die Folgen der Forschung zuspitzen, wobei ich eine den tatsächlichen Verhältnissen des Berufs & Betriebs moderner Wissenschaft angemessenere Gegenposition zu überzogenen Hoffnungen auf die *Wirksamkeit* der Wissenschaftsmoral[30] vertreten werde. Die normale[31] Wissenschaft *ist* in vielem ein „Spiel nach Regeln", aber nicht nach *denen* üblicher Verantwortungsethik.

---

[30] Man muß hier die fraglichen Positionen *differenziert* betrachten und *detailliert* angeben, wenn man die Funktion des wissenschaftlichen Ethos untersuchen will. Daß die Moral der Wissenschaft immer noch *intakt* sei, ist eine These. Daß sie auch *wirksam* im Hinblick auf die wissenschaftliche Kreativität und Produktivität sein könne oder gar müsse, ist eine *weitergehende* Behauptung, derzufolge es der „moralische Kodex" ist, welcher in der Wissenschaft „objektive Erkenntnis stiftet" (MOHR, Homo investigans, S. 3).

Der Wirksamkeitsnachweis steht bei MOHR nicht nur aus, sondern ist ausgeschlossen, solange der eventuelle Beitrag der Moral mit demjenigen der Methode in einen Topf geworfen und global behauptet wird, „daß es einen an das ‚wissenschaftliche Ethos' und an die ‚wissenschaftliche Methode' gebundenen Erkenntnisfortschritt gibt..." (a.a.O., S. 2).

Weitere Differenzierungen in der Problemstellung werden vorgenommen bei SPINNER, Zur explanatorischen Bedeutung der Wissenschaftssoziologie für die Wissenschaftstheorie (erscheint demnächst).

[31] Zur Unterscheidung von normaler und außerordentlicher Forschung vgl. THOMAS S. KUHN, Die Struktur wissenschaftlicher Revolutionen, Frankfurt am Main 1967.

(3) Die Wissenschaft hat eine „theoretische" Prozeßorientierung!

Wissenschaft als Erkenntnisunternehmen spielt sich ab auf der abstrakten Ebene von Denkprozessen, Sprachvorgängen, Theorie- und Erfahrungsbildung *über* die Wirklichkeit – nicht gerade im Leerlauf, aber doch im *entlasteten* Gang des *symbolischen* statt wirklichen Hantierens mit den Dingen, welche durch sprachlich-begriffliche Darstellungsmittel der „Naturwiedergabe" (Begriffe, Aussagen, Formeln, u. dgl.) stellvertreten werden. Wissenschaftliches Erkennen, Erklären, Prognostizieren, Kritisieren ist ein *theoretischer*, d. h. theorienerzeugender und -anwendender Prozeß, abgekoppelt vom praktischen Handeln des unmittelbaren Eingriffs in den Gang der Dinge. Auch Beobachtung und Experiment bewegen sich in diesem Rahmen theoretischen Wissens, entlastet vom Entscheidungs-, Handlungs- und Verantwortungszwang der außerwissenschaftlichen Praxis und Politik.

Darin liegt der wesentliche Unterschied zwischen der theoretischen Prozeßorientierung des Forschers und der praktischen des Politikers oder Kaufmanns, im Grunde jedermanns im wirklichen Leben. Beides kann natürlich in einer Person zusammenkommen, aber diese Personalunion ändert nichts am Orientierungsunterschied und Funktionswechsel beim Übergang von der theoretischen zur praktischen Ebene.

(4) Die Wissenschaft hat eine „informative" Resultatorientierung!

So ziemlich alles menschliche Handeln zielt auf Ergebnisse ab, aber nicht jede Handlung ist in dem hier gemeinten Sinn resultatorientiert, als sie nur auf bestimmte

Handlungsfolgen oder -wirkungen hin ausgerichtet und nur von diesen her beurteilt wird. Vielen Verhaltensweisen wird Eigenwert zugebilligt, der mehr von den „guten Absichten" als einem erfolgreichen Ergebnis abhängt. So soll es beispielweise in der Liebe sein, wo noch der Wille das Werk ersetzen kann. Ähnlich müßte es bei den Olympischen Spielen werden, wenn das Teilnehmen wichtiger als der Sieg wäre.

Das Erkennen der Wirklichkeit ist unter den Bedingungen moderner Wissenschaft als Beruf & Betrieb weder Liebe noch Spiel, sondern Arbeit, bei der es fast ausschließlich auf das *Ergebnis* ankommt. Was für den Wissenschaftler, seine Kollegen und Kunden letztlich allein zählt, ist der problemlösende Informationsgehalt der wissenschaftlichen Erkenntnis, also die erreichten Forschungsresultate in Gestalt von theoretischen Problemlösungen oder empirischen Befunden. Das ist der „Barwert", auf den in der Schlußbilanz alles andere heruntergediskontiert wird. Nur die Ergebnisse fallen ins Gewicht und der Zeitpunkt ihrer Erreichung. Der Erste bekommt alles (kollegiale Anerkennung, öffentlichen Ruhm, Nobelpreis), der „zweite Sieger" nichts, denn Wiederholungen zählen im Streben nach wissenschaftlicher Originalität nicht – wenn es mit rechten Dingen zugeht, was auch in der Wissenschaft nicht immer der Fall ist. Da nur die kollegial *anerkannte* Originalität tatsächlich „gilt", ist wissenschaftliche Unoriginalität, ja sogar Unproduktivität sozial kompensierbar. Das Akzeptanzproblem ist die Einbruchstelle der *Wissenschaftsrealpolitik*[32].

---

[32] Unter den heutigen Bedingungen des institutionellen Nullwachstums und verschärften Verteilungskampfes ist Wissenschafts-

Die moderne Wissenschaft und ihre Eigenparameter 37

Diese rigorose, durch die Prioritätsbedingung zugunsten des Erstentdeckers noch verschärfte Resultatorientierung erklärt den Erfolgszwang des Forschers und den Wettbewerb unter Wissenschaftlern[33], der strukturell be-

---

realpolitik erstens, zweitens und drittens: *Stellenpolitik*. Durch sie werden nach Opportunitätsgesichtspunkten Fakultäten umstrukturiert und Forschungsrichtungen liquidiert (wie etwa die Wissenschaftstheorie im Einflußbereich der Soziologie und Empirischen Sozialforschung), Zunftethiken korrumpiert (im Zusammenhang mit Habilitationen, Hausberufungen, etc.), Kritikpotentiale neutralisiert (Mittelbau und Privatdozentum, darunter vor allem dessen unabhängige Vertreter, die keiner etablierten Schule angehören und als *free climbers* gegen die Seilschaften keine Chance haben).

Den üblichen und von dessen besseren Vertretern ohne weiteres tragbaren Risiken des Wissenschaftsberufs – Scheitern mangels individueller Kreativität und Produktivität – fügt diese Wissenschaftspolitik ein weiteres, unkalkulierbares und durch wissenschaftliche Leistungen unbeeinflußbares Berufsrisiko hinzu: die Frage der *institutionellen Akzeptanz* der *geleisteten* Arbeit.

„Institutionell inakzeptabel" waren Werk und Person meines geschätzten Kollegen von der anderen Fakultät, dem dieses Büchlein gewidmet ist und dessen Selbstmord mich zu meinen Kommentar veranlaßt hat, für den ich noch keine Veröffentlichungsmöglichkeit gefunden habe: „Ein guter Privatdozent ist ein toter Privatdozent – Ein selbstloser Vorschlag zur Endlösung der wissenschaftlichen Nachwuchsfrage aus Swiftschem Geist, nebst Randbemerkungen zur gegenwärtigen Wissenschaftsrealpolitik".

Nachtrag beim Korrekturlesen: Wer das für die Dramatisierung eines tragischen Einzelfalls oder die Verallgemeinerung unguter lokaler Besonderheiten einer Fakultät oder eines Faches hält, lese die krasse Situationsschilderung von JOACHIM DYCK, Stumm und Hoffnung – Die totale Paralyse der Germanistik in den 80er Jahren, DIE ZEIT, Nr. 25 vom 14. Juni 1985, S. 41 f. Damit verglichen, ist meine Darstellung beschönigend, weil sie (hoffe ich wenigstens) trotz allem Mut macht, gegen den Strom zu schwimmen.

[33] In einer bislang unüblichen, vielfach für zunftwidrig gehaltenen Weise offengelegt, die einem Tabubruch gleichkommt, hat das JAMES D. WATSON, Die Doppel-Helix, Reinbek bei Hamburg 1969.

dingt ist und deshalb moralisch kaum gedämpft werden kann. Je stärker die *Outputorientierung* in Richtung auf Resultate ist, desto mehr werden dadurch in der Schlußbilanz alle *Inputposten* (gute Absichten, moralische Motive, persönliche Anstrengungen, investierte Arbeit, etc.) abgewertet und alle darauf bezogenen Erwägungen abgeschnitten. Unter diesen Umständen schlagen eventuelle moralische Antriebe auf das objektive Resultat im Wissenschaftsbetrieb und in der Öffentlichen Meinung ebensowenig durch wie etwa im umgekehrten Fall bedenkliche Bedingungen moderner Hühnerhaltung auf den Eierabsatz. Wie Marktpreise oder Kapitalzinsen, welche sinnvollerweise nur noch hoch und niedrig, aber nicht mehr „gerecht" und „ungerecht" genannt werden können, haben Forschungsresultate nur noch Informationsgehalt anstelle ethischer Inhalte. Darin sind sie den Eierpreisen vergleichbar.

So hat die Wissenschaft zwar ein nach allen Seiten ausgebildetes Vierpunkt-Orientierungssystem, ist aber nicht durch jeden der vier WNPR-Parameter als „wissenschaftliches" Erkenntnisunternehmen gegenüber außerwissenschaftlichen (wie etwa Kunst und Literatur) abgegrenzt und gegenüber unterwissenschaftlichen (wie Ideologien und Mythologien) ausgezeichnet. Dafür ist nicht jede einzelne Orientierungsrichtung gleichermaßen kennzeichnend, nicht jeder konkrete Parameter aufschlußreich. Ein Vergleich der WNPR-Parameter hinsichtlich

---

(Forts. der Fußnote 33)
Der sachliche Tatbestand und seine fachliche, ethische, persönliche Problematik sind natürlich längst bekannt, obgleich noch wenig untersucht – wie etwa bei F. Reif, The Competitive World of the Scientist, Science, Vol. 134, 1961, S. 1957 ff.

ihres Stellenwerts und Ausprägungsgrads für die Wissenschaft ergibt meines Erachtens folgende Abschlußthese über das wissenschaftliche Orientierungssystem: Insgesamt gesehen, hat die Wissenschaft eine *diffuse Wert- und Prozeßorientierung,* jedoch eine *charakteristische Regel- und Resultatorientierung!*

Die kognitive Wert- und theoretische Prozeßorientierung ist von der Wissenschaft nicht gepachtet, sondern allgemeinmenschlicher Besitz, wie zum Beispiel die Sprache. Wahrheitsstreben und Theoriebildung sind nicht auf die Wissenschaft beschränkt. Erkenntniswerte und sprachlich-symbolische Prozesse des Darstellens, Diskutierens und Theoretisierens spielen nicht nur im Bereich wissenschaftlicher Forschung & Lehre eine wichtige Rolle, sondern auch in nahezu allen anderen Gesellschaftsbereichen, wenn auch vielleicht nicht immer und überall in so ausgeprägter Weise. Aber das macht lediglich einen graduellen, keinen prinzipiellen Unterschied zwischen der Wissenschaft und dem Rest der Welt.

Was die Eigenart der Wissenschaft kennzeichnet und ihre Erkenntnisse auszeichnet, sind nicht verhältnismäßig allgemeine Werte und Prozesse als solche, sondern bestimmte *Ergebnisse* und vor allem jene *Regeln,* welche die wissenschaftliche Forschung darauf hinsteuern. Da die ersteren im Gang des Erkenntnisfortschritts schnell veralten und sich überhaupt in der ganzen Wissenschaftsentwicklung häufiger, stärker, unwiederbringlicher zu ändern pflegen als letztere, wird das auf Dauer geschaltete *Regelwerk* zum bevorzugten Orientierungspunkt für Rationalitätsüberlegungen und Wissenschaftsuntersuchungen. Die Regelorientierung liefert den aufschlußreichsten *Eigenparameter* der Wissenschaft und bildet deshalb, kein

Wunder, den Hauptangriffspunkt der gegenwärtigen Wissenschaftskritik.

Demnach ist die Wissenschaft in erster Linie durch ihre *deutliche und dauerhafte Regelorientierung* charakterisiert. Das Stichwort für den Auftritt des Wissenschaftlers auf der gesellschaftlichen Bühne hieße also „Forschung am Leitfaden von Regeln". Das Motto dafür wäre: „An ihren Früchten sollt ihr den schwankenden Wert des Wissens – heute gültig, morgen überholt! –, an ihren Regeln die feste Vernunft der Wissenschaft erkennen!" Nach dieser Auffassung ist das Vernünftige an der Wissenschaft ihre *Methodik*, das Wertvolle sind ihre *Erkenntnisse*, auch und gerade weil sie sich ändern. Denn darin liegt ja der wissenschaftliche Fortschritt von Resultat zu Resultat, ohne die Endlösung eines Dogmas.

Die nunmehr entscheidende Frage, in *welchen* Normen die angenommene Rationalität der Regeln[34] liege und die „working rules" der Wissenschaft seien, welche das Verhalten des Forschers in Beruf & Betrieb regieren, ist damit vorentschieden und muß im folgenden nur noch erläutert werden. Wirklich wertvoll und wirksam für die Wissenschaft selber wie für die Gesellschaft, erstrangig im Selbstverständnis des Forschers wie in der Öffentlichen Meinung des populären Wissenschaftsglaubens, ist das gesamte Regelwerk der Methoden, Verfah-

---

[34] Diese *Regelrationalität* fällt unter die außer Regeln, Methoden, Normen, Maximen noch andere *idées générales* umfassende *Grundsatzvernunft*, die sich in allgemeinen Prinzipien aller Art niederschlägt. Das ist die Standardauffassung der Rationalität – MAX WEBERS „okzidentaler Rationalismus" –, welcher im Rahmen der „Doppelvernunft" die Alternativauffassung der *Gelegenheitsvernunft* entgegensteht. Ich komme darauf anläßlich des Aufgabenvergleichs von Wissenschaft und Journalismus zurück (s. S. 101 ff.).

ren, Techniken – nicht die ethischen Vorschriften ihrer Moral, welche weder außergewöhnlich vernünftig noch auffällig wichtig sind, im Vergleich zu anderen Sonderethiken und auch zur gesellschaftlichen Allgemeinmoral, wie wir sehen werden.

Was an dieser Regelorientierung einer „Herrschaft der Methode" den einen rational erscheint, wird heutzutage von anderen für einen höchst unvernünftigen „Methodenzwang"[35] gehalten, gegen den etwa *Feyerabend* eine anarchistische Erkenntnislehre mit Regelopportunismus ins Feld führt. Von der philosophischen Unstimmigkeit und politischen Unverantwortlichkeit dieser Wissenschaftskritik ganz abgesehen[36], verfehlt sie völlig die Geschäftsbedingungen des Berufs & Betriebs moderner Wissenschaft, welche als eine *auf Dauer geschaltete* Einrichtung der irregulären (d.h. regelfremden) Gelegenheitsforschung und als eine *auf Arbeit beruhende* Tätigkeit der anarchischen Abenteuerauffassung des Wissens längst die Geschäftsgrundlage entzogen hat. So ist diese Art von Wissenschaftskritik im Grunde ein weiterer Versuch, durch Moral Strukturen ändern zu wollen: ein untauglicher Versuch am falschen Objekt!

---

[35] Vgl. PAUL K. FEYERABEND, Wider den Methodenzwang, Frankfurt am Main 1976.
Zu FEYERABENDS Vernachlässigung des *praktischen Rationalismus* von Beruf & Betrieb – der stärkeren Form der Vernunft – vgl. SPINNER, Wissenschaft kommt nicht von Wissen, und Kunst kommt nicht von Können, aber Wissenschaft ist trotzdem keine Kunst, Merkur, Bd. 39, 1985, Doppelheft September/Oktober, S. 859 ff.
[36] Vgl. SPINNER, Popper und die Politik, Exkurse S. 563 ff.; DERS., Gegen Ohne für Vernunft, Wissenschaft, Demokratie, etc., in: HANS PETER DUERR, Hrsg., Versuchungen – Aufsätze zur Philosophie Paul Feyerabends, Bd. I, Frankfurt am Main 1980, S. 35 ff.

Wo, wie in der modernen Industriegesellschaft, der Beruf das Selbstverständnis des Menschen bestimmt, muß die Abenteuerauffassung des Lebens der Arbeitsauffassung weichen, genauer gesagt, in die Freizeit ausweichen. Und wo der Betrieb die wirtschaftliche Grundeinheit der Gesellschaft geworden ist, verdrängt die dauerhafte Ordnung der Organisation die unstete Anarchie „freier Assoziationen"[37]. Das gilt auch für die Wissenschaft. Arbeit ist Forschung schon immer gewesen, seit es neuzeitliche Wissenschaft als Beruf gibt. Institution ist sie mit der Universität, Großorganisation mit der „Big Science" geworden. Nicht nur die philosophische Erkenntnis- und Wissenschaftstheorie, der man Weltfremdheit sozusagen als Betriebsblindheit zubilligt, hat davon keine Kenntnis genommen, sondern fast ebensowenig auch die soziologische Moraltheorie des „wissenschaftlichen Ethos", der die *Weber*sche Rationalisierungs-Zwillingsformel von „Beruf & Betrieb" wohlvertraut sein müßte.

---

[37] Zur Unterscheidung von „vollkommener Hierarchie" und „vollkommener Assoziation" vgl. WOLFGANG SCHLUCHTER, Aspekte bürokratischer Herrschaft, München 1972, Kap. 1 und 2.

II. Wissenschaft als Beruf und Betrieb

Wissenschaft ist im heutigen Umfang unter modernen Verhältnissen nur von hochspezialisierten Wissenschaftlern als darauf eingestellter *Beruf* (das heißt: arbeitsteilig und fachmännisch) und von der Gesellschaft als dafür eingerichteter *Betrieb* (das heißt: koordiniert und kontinuierlich im Rahmen dauerhafter staatlicher Institutionen oder wirtschaftlicher Organisationen) erfolgreich zu betreiben. Wissenschaft „in dem Entwicklungsstadium, welches wir heute als ‚gültig' anerkennen"[38], ist so gut wie gar keine Amateur- und Privatwissenschaft mehr, sondern Universitäts- und Industriewissenschaft.

1. Fachwissenschaft („Disziplin") von Fachmenschen („Experten") für Fachmenschen („Kollegen") der Gelehrtenzunft („Forschungsgemeinschaft")

Wissenschaft als Beruf & Betrieb ist also eingerichteter *Fachbetrieb* von eingeschulten *Fachmenschen* – keineswegs solchen „ohne Geist", wie *Max Weber*[39] am Endpunkt

---

[38] MAX WEBER, Gesammelte Aufsätze zur Religionssoziologie, Bd. I, Tübingen 1920, S. 1.

[39] In WEBERS (a.a.O., S. 204) düsterer Vision von den „letzten

dieser Kulturentwicklung befürchtete, sondern *mit Fachwissen*, das sie in eigener Regie erzeugen, unter sich unbeschränkt und unentgeltlich (als Geschenk an Kollegen[40]), in der Gesellschaft dosiert und honoriert (als Belehrung der Laien, Beratung der Politiker, Unterhaltung des Publikums) verteilen. So gesehen, könnte man Wissenschaftler für *Wissensunternehmer* im Vollsinne schöpferischen wirtschaftlichen Unternehmertums[41] halten, wenn nicht der marktwirtschaftliche Funktionsfehler wäre, daß sie nicht Besitzer der Betriebsmittel sind, mit denen sie arbeiten müssen.

Dem Universitätsprofessor gehören nicht die Bibliothek, der Hörsaal, das Institut; dem Industrieforscher nicht das Labor und alles andere, was zum unternehmerischen Betreiben eines selbständigen Betriebes gehört. Das ist mehr als ein bloßer Schönheitsfehler im Selbstverständnis freier Forschung & Lehre. Es ist ein Strukturdefekt im Sozialsystem Wissenschaft, der die Wissenschaftler *abhängig* macht: als akademische Forschungsgemeinschaft vom Staat, der die universitären Betriebsmittel nur zu *seinen* Bedingungen zur Verfügung stellt; als Einzelner vom Kollegium, das ihm gegenüber die Verfügungsmacht ausübt, solange er sich nicht unwiderruflich etabliert hat. Der sprichwörtliche Ratschlag für aufstiegsfähi-

---

Menschen" unserer Kulturentwicklung geht es um „Fachmenschen ohne Geist, Genußmenschen ohne Herz...".

[40] Zur Auslegung der kollegialen Verteilungs- und Verkehrswirtschaft als Austausch von „Geschenken" ohne unmittelbare Gegenleistung – aber keineswegs „umsonst" – vgl. WARREN O. HAGSTROM, The Scientific Community, New York 1965.

[41] Also im inzwischen klassischen Sinn von JOSEPH A. SCHUMPETER, Kapitalismus, Sozialismus und Demokratie, 3. Aufl., München 1972, Kap. 12.

ge, aber nicht anpassungswillige Rekruten „Kauf' dir eine Kanone und mach' dich selbständig!" klingt für Privatdozenten noch absurder.

Durch Moral ist dieser Strukturfehler nicht heilbar, allenfalls durch echtes Wissenschaftsunternehmertum, wenn es dafür genügend *Talente und Märkte* gäbe. Beides ist dazu notwendig, wobei diese zur Zeit noch viel rarer sein dürften als jene. Wo es keinen freien Wettbewerb unter Wissenschaftlern auf offenem Markt mit beständiger Nachfrage gibt, kann es Wissenschaft als Beruf & Betrieb, nicht aber als privates Unternehmen auf selbständiger Geschäftsgrundlage geben. Deshalb ist das Privatgelehrtentum untergegangen, sobald der großbürgerliche familiäre Hintergrund und das gelegentlich ersatzweise einspringende fürstliche Mäzenatentum verschwunden waren. Daran scheitert es heutzutage erneut, bevor es richtig angefangen hat, trotz ausgebildeter Talente, weil diese als „freie Wissenschaftler" mit beamteten Universitäts- und festangestellten Industrieforschern kostenmäßig nicht konkurrieren können. Dadurch sind die Märkte weitgehend geschlossen und die Wettbewerbsbedingungen durch einseitige Subventionen stark verzerrt.

Wissenschaft als *Beruf & Betrieb* ist also von Wissenschaft als *Unternehmen & Geschäft* zu unterscheiden. Diese gibt es heute nicht mehr, jene dagegen breitet sich immer mehr aus, in erfolgreicher Verdrängungskonkurrenz zu allen anderen Produktionsformen *wissenschaftlicher* Erkenntnis (während sie gegenüber nichtwissenschaftlicher Wissenskonkurrenz aus Ideologie und Mythologie erstaunlich machtlos ist: Astronomie verdrängt nicht Astrologie, Schulmedizin nicht Volksmedizin, Wissenschaft nicht Religion). In einem Satz gesagt, der alles

Wesentliche enthält, bedeutet die zeitgemäße *Verständnisformel* für „Wissenschaft als Beruf & Betrieb": Fachmann („Experte") leistet im Rahmen seiner Disziplin, die er kraft Ausbildung (Fachstudium) „kompetent" vertritt, spezielle „Beiträge" zum gegenwärtig „gültigen" Stand der wissenschaftlichen Erkenntnis („Body of Knowledge"), wofür er von anderen Mitgliedern der Zunft („Kollegen" einer „Forschungsgemeinschaft") professionelle Anerkennung („Reputation") erhält.

Was der Wissenschaftler als Gegenleistung der Wissenschaft für seine Beiträge erstrebt, ist *Reputation*, also die kollegiale Anerkennung im Fach durch die Mitglieder der Forschungsgemeinschaft[42]. Die Aussicht auf Reputation motiviert ihn zu seiner Arbeit, das Ausbleiben frustriert ihn, wobei Forscher mit starker wissenschaftlicher Wertorientierung jedoch so stark vormotiviert zu sein pflegen, daß sie auf Anerkennung lange warten können. Mancher erhält sie erst nach dem Tode, mancher überhaupt nie. Denn intakt, d. h. leistungsgerecht ist der soziale Reputationsmechanismus keineswegs, welcher nach dem *Matthäus-Prinzip* arbeitet[43] und dem, der schon hat, immer

---

[42] Vgl. NORMAN W. STORER, The Social System of Science, New York und London 1966, S. 20 ff. et passim.

[43] Nach dem *Neuen Testament, Matthäus 25.29* wird demjenigen „überreich gegeben", der schon hat, damit er in Fülle habe. „Wer aber nicht hat, dem wird, auch was er hat, genommen werden." Im Ergebnis erzeugt dieses *Matthäus-Prinzip* der Reputationsverteilung (vgl. ROBERT K. MERTON, Sociology of Science, Chicago und London 1973, S. 439 ff.) leistungsdisproportionale Vorteils- und Nachteilsanhäufungen. Inwieweit diese noch „funktional", d. h. der wissenschaftlichen Zielsetzung des Erkenntnisfortschritts dienlich sind, ist umstritten. Unbestreitbar unterstützten sie die „Diktatur der Namhaften" (HAMMER, Selbstzensur, S. 104).

mehr gibt, als ihm streng leistungsproportional zustehen würde.

Angesichts der Tatsache, daß alle schönen Dinge im Leben nicht nur sehr ungleichmäßig, sondern auch mehr oder weniger ungerecht verteilt sind – von Geld bis Geist, wobei die Vererbung des letzteren jedoch unter dem ausgleichenden Gegenprinzip steht, daß sehr begabte Leute etwas weniger bemittelte Kinder zu haben pflegen; desgleichen bei Dummheit, aber nicht bei geldwerten Erbschaften –, ist die vergleichsweise schwache Schieflage der überdies unveräußerlichen und unvererblichen Reputationsverteilung in der Wissenschaft für die Benachteiligten kein Grund, *deswegen* die Geschäftsbedingungen des Wissenschaftsbetriebs moralisch in Zweifel zu ziehen. Für wissenschaftliche Reputation gibt es zwar keine psychologische Sättigungsgrenze, aber Akkumulationsschranken (in der eigenen Person und den Mitbewerbern) und Erosionswirkungen (durch den Erkenntnisfortschritt, der Zwergen „auf den Schultern von Riesen"[44] auch eine Chance gibt, diese zu übertrumpfen).

Entscheidend ist nun, daß der Wissenschaftler die Reputation im Fach – und letztlich meist auch die Popularität in der Öffentlichkeit – nicht für seine moralischen Über-

---

Da die Wirkung des Matthäus-Prinzips jedoch nicht neu ist, kann ihm allein der neue *Wilheminismus* in der deutschen (Wissenschafts-) Politik, von dem RENATE LEPSIUS spricht (MdB, mündlich zum Verfasser), schwerlich zugeschrieben werden. Seine Basis ist nicht wissenschaftliche Reputation, sondern institutionelle Macht. Sie ist die Grundlage der Realpolitik (s. Anm. 32 und 149), welche die von sich aus verzerrte Reputationsordnung nicht bewirkt, sondern durchkreuzt.

[44] Zu dieser fast sprichwörtlichen Metapher vgl. ROBERT K. MERTON, Auf den Schultern von Riesen, Frankfurt am Main 1983.

zeugungen oder ethischen Leistungen erhält, sondern einzig und allein für seine sachlichen Beiträge zum Endergebnis des „gegenwärtig gültigen Wissensstandes" seiner Disziplin.

Demgemäß ist das moderne Wissenschaftsverständnis *Output-orientiert*. Nur der „Ausstoß" in Gestalt von Publikationen, Patenten, etc. zählt für den Wissenschaftler, einschließlich der Resonanz darauf durch Zitierungen, Ehrungen, Einladungen. Darauf ist auch der Sanktionsmechanismus der Wissenschaft scharf eingestellt, welcher vornehmlich durch Quantitäts- oder Qualitätsmängel der *Forschungsergebnisse* ausgelöst wird[45]. Nicht auf die guten Absichten und moralischen Überzeugungen, sondern allein auf die guten Ergebnisse und sachlichen Überlegungen kommt es in der Wissenschaft an.

Folgerichtig leitet der Forscher sein berufliches Selbstbewußtsein – seine *professionelle Identität* – nicht aus überlegener Moral der Wissenschaft oder vorbildlicher Lebensführung des Wissenschaftlers ab, sondern aus *überlegener Kompetenz und größerer Produktivität*, sowohl im innerwissenschaftlichen Vergleich mit Kollegen als auch im außerwissenschaftlichen Verhältnis zum Laienpublikum. In seinem hochgezüchteten Drang nach Neuem in Gestalt *kompetent anerkannter Originalität* versteht und verhält sich der *homo investigans*[46] nicht als Vertreter des wissenschaft-

---

[45] Vgl. JOSEPH BEN-DAVID, Organization, Social Control, and Cognitive Change in Science, in: DERS. und TERRY NICHOLS CLARK, Hrsg., Culture and Its Creators – Essays in Honor of Edward Shils, Chicago und London 1977, S. 244 ff.

[46] ...dessen theoretisch erklärbares, empirisch belegbares methoden- und resultatorientiertes Selbstverständnis MOHR in seinem gleichnamigen Vortrag (s. Anm. 10) verfehlt, indem er es – unab-

lichen Ethos, sondern der wissenschaftlichen Methoden und Erkenntnisse. Aber sind diese nicht das legitime Kind von jenen? Was ist denn in der Wissenschaft ergebnismäßig wirklich produktiv, Moral oder Methode? Welches sind die *Working Rules* der Wissenschaft, von denen die Forschung tatsächlich geleitet ist?

Regeln, wie gesagt, steuern den Erkenntnisprozeß, auch wenn sie seine Ergebnisse nicht inhaltlich vorausbestimmen (*Indeterminismusthese* im Verhältnis von Regel- und Resultatorientierung, d. h. hier: Rationalität und Erkenntnis). Ob ethische oder methodische Regeln, das ist die Frage. Meine *These* dazu ist: „Working", das heißt *verhaltenswirksam* für den Forscher und *produktivitätswirksam* für den Erkenntnisfortschritt ist nicht die wissenschaftliche Ethik, sondern die wissenschaftliche *Methodik*[47]*!*

Darauf ist der Wissenschaftler durch Berufsausbildung und -ausübung *eingestellt*, dafür ist der staatliche wie privatwirtschaftliche Wissenschaftsbetrieb *eingerichtet*. Das bringt im Erfolgsfall dem Forscher den Lohn anerkannter Originalität ein. Umgekehrt bewirken methodische „Unsauberkeit" und ergebnismäßige Unfruchtbarkeit

---

sichtlich BRECHT kopierend (s. Anm. 21) – als eine autonome moralische Haltung zu fixieren versucht.

Als Wissenschaftler schießt er damit ein bemerkenswertes *Eigentor*. Denn nicht die höchst umstrittene Moral, sondern die auch heute noch im Fach akzeptierte, von der Gesellschaft legitimierte Methodik in Verbindung mit den daraus resultierenden „Wahrheiten" im außermoralischen Sinn verleihen der Wissenschaft ihre relative *Autonomie*. Wie intakt auch immer das wissenschaftliche Ethos sein mag, so ist die Wissenschaft gerade *moralisch nicht souverän*.

[47] Ausführlicher Nachweis bei SPINNER, Zur explanatorischen Bedeutung der Wissenschaftssoziologie... (s. Anm. 30).

den typischen *EdK-Fall* („EdK" heißt im Juristenjargon: Ende der Karriere) für Wissenschaftler im Frühstadium ihrer Laufbahn. Verstöße gegen das wissenschaftliche Ethos werden meist nur geahndet, ja überhaupt erst bemerkt und ernstgenommen, wenn sie mit Verfahrens- und Ergebnisfehlern verbunden sind. Erst kommt die Methode und dann die Moral, jedenfalls in der Wissenschaft. Dementsprechend hat der Fachmann dem Dilettanten nichts als die Arbeitsmethode voraus[48].

2. Das wissenschaftliche Ethos und die Legitimation der Wissenschaft

Um die Bedeutung des „wissenschaftlichen Ethos" für die wissenschaftliche Forschung beurteilen zu können, müssen wir seine Fassung kennenlernen und seine Funktion untersuchen.

Die maßgebliche *Fassung* des Ethos der Wissenschaft ist trotz mancher Neuformulierungen – welche aber nur unwesentliche Erweiterungen und Umdeutungen gebracht haben, von denen Kerninhalt und Hauptfunktion unberührt bleiben[49] – heute immer noch der klassische Nor-

---

[48] Nicht die andere oder gar bessere Moral, sondern die „feste" – gelegentlich trügerische – „Sicherheit der Arbeitsmethode" unterscheidet den Fachmann vom Dilettanten (WEBER, Wissenschaftslehre, S. 590). Wie der Dilettantismus, so wäre auch der Moralismus „als Prinzip der Wissenschaft... das Ende" (Weber, Religionssoziologie, Bd. I, S. 14).

[49] Vgl. die zusammenfassende Darstellung und kritische Beurteilung der Folgediskussion durch NICO STEHR, The Ethos of Science Revisited, in: JERRY GASTON, Hrsg., Sociology of Science, San Francisco, Washington und London 1978, S. 172 ff.

menkatalog *Mertons* mit den vier folgenden *moralischen Maximen der Forschung:*[50]

(1) Die Norm des *Universalismus* verlangt Geltung der wissenschaftlichen Erkenntnisse unabhängig von ihrem Ursprung, also Entscheidung über deren Wahrheit, Neuheit, Annehmbarkeit, Anerkennung, etc. ohne Rücksicht auf die Person, Rasse, Nation, Konfession, Partei und andere Persönlichkeitsmerkmale oder Gruppenzugehörigkeiten des Forschers. Entscheidend für diese Fragen darf nur die sachliche Überprüfung im Lichte diesbezüglich uneingeschränkter („universeller") Maßstäbe sein, denen zufolge etwa eine Aussage mit der Wirklichkeit übereinstimmen muß, um als „richtig" gelten zu können.

Indem so Nationalismus, Ethnozentrismus, Partikularismus, Parteilichkeit und andere Formen von ideologisch bedingtem Wahrheitsrelativismus aus der Wissenschaft ausgeschlossen werden sollen, gewährleistet diese Norm *im Ausmaß ihrer praktischen Erfüllung* die gewünschte *Objektivität* der Erkenntnis, *Internationalität* der Forschungsgemeinschaft und *Pluralität* der Wissenschaft kraft *Offenheit* für alle genügend Motivierten und Talentierten.

(2) Die etwas mißverständlich bezeichnete, unpolitisch verstandene Norm des *Kommunismus* macht das Wissen der Wissenschaft zum gemeinsamen, allen Mitgliedern zugänglichen Besitz der Forschungsgemeinschaft, letztlich zu einem öffentlichen Gut mit erheblich reduziertem Privateigentum. Die individuellen Eigentumsrechte des

---

[50] Vgl. ROBERT K. MERTON, Science and Democratic Social Structure (1942), abgedruckt in seinem Buch: Social Theory and Social Structure, rev. ed., London 1957, S. 550 ff.; deutsch in: PETER WEINGART, Hrsg., Wissenschaftssoziologie, Bd. I, Frankfurt am Main 1972, S. 45 ff.

Produzenten erschöpfen sich in dem minimalen Anspruch auf Anerkennung und Wertschätzung seiner Originalität als symbolischem Lohn für die persönliche Leistung der Erstentdeckung oder Ersterfindung.

Dieser Eigentumsrest des Forschers an „seinen" Erkenntnissen wird bei bleibendem Wert des Beitrags vor allem durch *Eponymie* sichtbar dokumentiert, womit aus dem ausschließlichen Benutzungsrecht des Volleigentümers wenigstens eine reputationsverstärkende Benennungschance mit dem eigenen Namen wird (*Kepler*sche Gesetze, *Halley*scher Komet, *Planck*sche Konstante, *Heisenberg*s Unschärferelation, u. dgl.). Mit dieser „kommunistischen" Abschaffung des Privateigentums an Ideen soll die ungehinderte Verbreitung der Forschungsresultate erleichtert und ihr uneingeschränkter wissenschaftlicher Gebrauch ermöglicht werden.

(3) Die Norm der *Desinteressiertheit* zielt auf ein umfassendes Profitverbot für den Wissenschaftler ab, um die moralische Integrität des Forschers zu bewahren, der rücksichtslos – vor allem gegenüber sich selbst – die Wahrheit sucht und sagt. Positiv formuliert, sollte das Gebot der „uninteressierten" Forschung den Wissenschaftler dazu bringen, wissenschaftliche Erkenntnis als einen Wert an sich zu betrachten und deshalb *Wissenschaft um der Wissenschaft willen* zu betreiben.

Das Profitverbot im weitesten Sinne war usprünglich von *Merton* nicht nur gegen unlauteren Wettbewerb in der Wissenschaft (mittels Betrugs, Bestechung, persönlicher oder politischer Beeinflussung, u. ä.) und die Selbstkorrumpierung durch finanzielle „Interessiertheit" gerichtet, sondern weit darüber hinaus gegen die Verfolgung *jeglichen* Eigeninteresses einschließlich des nach heutiger Auffassung moralisch unbedenklichen, ja psychologisch unerläßlichen ideellen „Gewinnstrebens" nach professioneller Anerkennung für wissenschaftliche Leistungen[51].

Demnach müßte der Forscher stark motiviert zu harter Berufsarbeit sein, aber eigentlich durch nichts, was ihm persönlich von Nutzen sein könnte. Das ist theoretisch unstimmig und praktisch unsinnig. Sinnvoll verstanden, kann das Gebot der „uninteressierten" Wahrheitssuche für den Wissenschaftler deshalb nur den Ausschluß *externer*, d. h. außerwissenschaftlicher Wertorientierungen bedeuten.

(4) Die Norm des *organisierten Skeptizismus* verlangt vom Wissenschaftler „Zurückhaltung des endgültigen Urteils bis ,die Fakten zur Hand sind' und die unvoreingenommene Prüfung von Glaubenshaltungen und Überzeugungen aufgrund empirischer und logischer Kriterien"[52]. Damit wird Dogmatismus verboten, Konformismus erschwert und Dissenz in Sachfragen begünstigt, wobei *Merton* vor allem die Universitäten als Einrichtungen des organisierten Skeptizismus betrachtet und dabei den von diesem *K & K-Milieu* ausgehenden Konformitätsdruck unterschätzt. („K & K" heißt hier: Kollegialität und Konsens, die beiden verbreitetsten Milieuschäden der Universitätswissenschaft).

Die ältere Wissenschaftssoziologie der *Merton*-Schule ging davon aus, daß das wissenschaftliche Ethos in dieser Fassung „funktional" für die Wissenschaft sei, d. h. die Funktion erfülle, den wissenschaftlichen Erkenntnisfortschritt zu fördern, gemäß der *Produktivitätsannahme:* Je

---

[51] Vgl. STORER, a.a.O. (s. Anm. 42), s. 79.
[52] MERTON, in WEINGART, a.a.O. (s. Anm. 50), S. 55.

strenger die Wissenschaftler sich in ihrem Forschungsverhalten an den moralischen Normen orientieren, desto besser – quantitativ und qualitativ – wird das Ziel der Forschung erreicht, durch individuelle Produktivität zum wissenschaftlichen Erkenntnisfortschritt eines Faches beizutragen. Folglich müßte zwischen Ethos und Erkenntnis ein positiver Wirkungszusammenhang bestehen, beim einzelnen Wissenschaftler wie bei der Wissenschaft insgesamt, *wenn es tatsächlich die Funktion der Moral wäre, die Produktivität des Einzelnen und den Erkenntnisfortschritt des Ganzen unmittelbar zu fördern.*

Empirische Untersuchungen der neueren Wissenschaftsforschung[53] zeigen: *Das tut sie nicht!* Zwischen ethischem Input und wissenschaftlichem Output besteht kein signifikanter positiver Zusammmenhang. Moralische Regelorientierung und individuelle Produktivität bzw. wissenschaftlicher Erkenntnisfortschritt scheinen voneinander unabhängig, ja vielleicht sogar miteinander *negativ* korreliert zu sein. Auch in der Wissenschaft sind die Braven nicht unbedingt die Besten. *Mohrs* Behauptung, daß die Moral der Wissenschaft „intakt" sei, steht hier gar nicht zur Debatte. Die Frage ist vielmehr, ob das wissenschaftliche Ethos für den Erkenntnisfortschritt *effizient* ist. Das ist nachweislich nicht der Fall.

Für das Verständnis der Wissenschaft ist das eine ernüchternde, aber keineswegs demoralisierende Einsicht. Das wird deutlich, wenn der obigen scheinbar destruktiven These über die „Unproduktivität" der Moral die konstruktive Zusatzthese über ihre tatsächliche funktio-

---

[53] Aufgeführt und ausgewertet bei SPINNER, Zur explanatorischen Bedeutung der Wissenschaftssoziologie... (s. Anm. 30).

nale Bestimmung hinzugefügt wird: *Sie braucht es nicht zu tun!* Denn das wissenschaftliche Ethos hat keine produktiven, sondern *repräsentative Funktionen.* Sind moralische Regeln und ihre Befolgung in der Wissenschaft weder unmittelbar verhaltenssteuernd noch direkt produktivitätsfördernd, so doch gesellschaftlich legitimierend. Die *Funktion des wissenschaftlichen Ethos* besteht darin, der Wissenschaft eine soziale und politische *Legitimationsbasis* zu verschaffen, indem die Vertretung – zu deren Glaubwürdigkeit auch ein gewisser Grad der Erfüllung gehört – der moralischen Normen durch die Wissenschaftler den *Legitimationsglauben* in der Gesellschaft an die Existenzberechtigung (sowie, nicht zu vergessen, die Förderungswürdigkeit) von Wissenschaft als Beruf & Betrieb aufrechterhält.

Nachdem niemand mehr in der wissenschaftlichen Erkenntnis einen „Weg zu Gott" sieht, weil die religiösen Wurzeln der Forschung mit der Säkularisierung unserer Welt abgestorben sind, wird die wissenschaftliche Selbstlegitimation aus eigenem Rechtsgrund im Ethos der Forschung um so wichtiger. *Deshalb* muß die Wissenschaft auch *Moral* haben und diese halbwegs intakt halten, trotz ihrer Unproduktivität, welche nicht mit Nutzlosigkeit verwechselt werden darf. Die Wissenschaft lebt nicht von der Wahrheit allein. Wenn diese das Salz in der Suppe ist, dann muß auch Suppe da sein. Das ist die gesellschaftliche Alimentierung der Wissenschaft, die sich dafür würdig erweisen, also legitimieren muß.

Überspitzt gesagt: Wissenschaftliches Ethos ist moralisches Pathos zum Zwecke gesellschaftlich akzeptabler öffentlicher *Wissenschaftsdarstellung.* Diese *Repräsentations- und Legitimationsfunktion* macht es keineswegs nebensächlich, sondern lediglich in anderer Hinsicht wichtig, als die ältere Wissenschaftssoziologie ursprünglich annahm.

So hat die Wissenschaft zwar keine doppelte Moral, aber eine *doppelte Regelorientierung* mit verschiedenen, arbeitsteilig wahrgenommenen Funktionen. Die „technischen" Normen der Wissenschaftsmethodik regeln die wissenschaftliche *Innensteuerung* des Berufs & Betriebs, insbesondere des eigentlichen Forschungsprozesses. Die „moralischen" Normen der Wissenschaftsethik dienen der politischen *Außenlegitimation* von Forschung und Fortschritt in der Gesellschaft. Ist das Ethos nicht handlungsbestimmend, so doch meinungsbildend und einstellungsbeeinflussend – auch bei den Wissenschaftlern selber, welche nicht zuletzt darauf ihr insofern *mißverstandenes Selbstverständnis* aufbauen.

3. Das wissenschaftliche Ethos als qualifizierte Superethik für privilegierte Sondermilieus

Als im Handeln *zu befolgende* und nicht nur meinungs-, einstellungs-, gesinnungsmäßig *zu bekennende* Moral wäre das wissenschaftliche Ethos mit seinen weit überzogenen Forderungen nach völlig unpersönlicher, uneigennütziger, unvoreingenommener aber äußerst leistungsmotivierter und arbeitsreicher Forschungsaktivität nur etwas für zwei Sorten von Menschen in außergewöhnlicher Seelen- oder Lebenslage: für dazu *moralisch besonders Qualifizierte* einerseits und für *sozial besonders Privilegierte* andererseits.

Freiwillige Uneigennützigkeit und reine Sachlichkeit ohne Ansehen der (eigenen und anderen) Person kann für

Das wissenschaftliche Ethos als qualifizierte Superethik 57

die wissenschaftliche Arbeit im Hauptberuf nur von denen erwartet werden, welche ihre vitalen Eigeninteressen entweder im Streben nach „Wahrheit um ihrer selbst willen" auf dem Altar der Wissenschaft zu opfern bereit sind oder sie vorab befriedigt bekommen.

Der erste Fall erfordert den ethisch hochqualifizierten Typ des *Asketen* und ist deshalb nicht repräsentativ für die Wissenschaft (welche ja im Gegensatz zur Religion kaum „Märtyrer der Wahrheit" kennt[54]). Der zweite Fall setzt den sozial privilegierten Status eines finanziell unabhängigen *Gentleman* voraus – oder, im heutigen Normalfall, eines wirtschaftlich versorgten *Beamten*. Die materielle Basis des Beamtenstatus, welche nicht mit dem Funktionstyp des „bürokratischen" Beamten[55] verwechselt werden darf, besagt im Klartext, auf den Barwert gebracht: Privilegien in Form *wirtschaftlicher Alimentierung* durch staatliche oder industrielle Übernahme des finanziellen Risikos, *rechtlicher Absicherung* durch Einräumen der gesteigerten Freiheit von Forschung & Lehre, *politischer Entlastung* von Entscheidungs-, Handlungs- und Legitimationszwang für die außerwissenschaftliche Anwendung der Erkenntnisse sowie die damit verbundenen Folgen der Forschung.

Das wissenschaftliche Ethos verlangt also, salopp ausgedrückt, entweder vom Wissenschaftler als Einstellung moralisches Athletentum oder für die Wissenschaft als

---

[54] Sinngemäß richtig kommt das in BRECHTS *„Galilei"* gut zum Ausdruck. Zu dessen Entstehung, Einordnung und Deutung siehe JAN KNOPF, Brecht-Handbuch Theater, Stuttgart 1980, S. 157 ff.

[55] Zur Würdigung des Funktionstyps „Beamter" vgl. MAX WEBER, Gesammelte politische Schriften, 4. Aufl., hrsg. von JOHANNES WINCKELMANN, Tübingen 1980, S. 320 ff.

Einrichtung deutsches Beamtenrecht (beziehungsweise vergleichbare Sondermilieu-Bedingungen in der Wirtschaft, wie sie es in der Tat vielfach gibt).

Das alles ist in diesem Zusammenhang keine soziale oder politische Frage (der staatlichen Fürsorge für Forscher bzw. der persönlichen Treuebindung von Wissenschaftlern im Öffentlichen Dienst, wie es heute zumeist gesehen wird), sondern ein *funktionales Problem*, welches mit diesem „technischen Trick" gelöst weden muß: Ethische Qualifikation und/oder soziale Privilegierung sollen eine *Trennung von Ideen und Interessen* bewirken, um die wissenschaftliche Erkenntnis von jeglicher Bindung an alle Eigen- und Fremdinteressen außer demjenigen an Wissen & Wahrheit zu befreien.

Die innerwissenschaftliche, rein „sachlich" auf Erkenntnis und immer mehr Erkenntnis bezogene Wertorientierung muß, um in der Praxis möglichst ungehindert zum Tragen zu kommen, von allen außerwissenschaftlichen Orientierungen *abgekoppelt* werden, darunter insbesondere von der „unwissenschaftlichen" Interessenlage der Beteiligten. Dies geschieht im ersten Fall durch asketische Abtötung, im zweiten Fall durch soziale Abgeltung materieller Eigeninteressen.

Die asketische Lösung, von der die ältere Wissenschaftssoziologie (*Weber, Merton*, u. a.) ausging, nahm an, daß der „berufene" Forscher keine „unsachlichen" Eigeninteressen habe oder sie durch „Disziplin" jedenfalls vollständig unterdrücken könne. Das wäre heute weltfremder Idealismus. Die neuere Wissenschaftssoziologie versucht es mit der Gegenstrategie, die Eigeninteressen wohlfahrtsstaatlich zu hegen, um sie zu neutralisieren statt zu eliminieren. Sie werden durch besondere Berücksichtigung und vorwegnehmende Befriedigung sozusagen in Paranthese gesetzt, also wissenschaftlich „eingeklammert".

Zur psychologischen Entlastung kraft Trennung von Ideen und Interessen kommt in der ausdifferenzierten modernen Wissenschaft die *politische Entlastung* durch *Trennung von Theorie und Praxis*.

Individuell eingestellt ist Wissenschaft als Beruf auf die kognitive Wertorientierung und die darin verankerte fachliche Zielsetzung durch *Entbindung* von eigennützigen Interessen und persönlichen Belangen. Die Suche nach Wissen und Wahrheit auf dem psychologischen Produktionsumweg des Strebens nach eigener Reputation steht dem, wie oben erläutert, nach heutiger Auffassung nicht entgegen.

Institutionell eingerichtet ist Wissenschaft als Betrieb durch *Entlastung* der Forschung von außerwissenschaftlichen Vorbedingungen und Folgen, darunter insbesondere vom unmittelbaren politischen Entscheidungs- und Handlungszwang, von rechtlicher Folgehaftung, vom wirtschaftlichen Finanzierungsgebot. Die normalerweise in der Gesellschaft *nicht* bestehende Abkopplung der Ideen- von der Interessenlage, vor allem aber die strikte Trennung von Theorie und Praxis schafft ein universitäres und, mit einigen Abstrichen in beider Hinsicht, auch ein industrielles *entlastetes Sondermilieu* für die Wissenschaft, insbesondere bei der Grundlagenforschung.

Das wird oft mißverstanden. Nicht Entpolitisierung, sondern politische Entlastung[56] heißt hier das Stichwort

---

[56] „Wissenschaft ist nun einmal ihrer Zielsetzung und ihrer Natur nach unpolitisch" (MOHR, Homo investigans, S. 9) – so unpolitisch

zur Kennzeichnung des privilegierten Sondermilieus „eingerichteter" Wissenschaft (in der Bundesrepublik gemäß Artikel 5, Absatz 3 des Grundgesetzes[57]). Gerade

---

wie der preußische Generalstab, der seine tatsächliche politische Entlastung ebenfalls mit der nie bestehenden Entpolitisierung zu verwechseln pflegte. Das eine ist ein *Privileg* der Wissenschaft wie des Generalstabs, durch das beide in die Lage versetzt werden, politischen Systemwechsel zu überleben und fachliche Autonomie in „sachlichen" Angelegenheiten zu genießen. Das andere ist eine *Hypothek* des Obrigkeitsstaates *zulasten* der traditionellen Gelehrtenrepublik (vgl. dazu REINHART KOSELLECK, Kritik und Krise, Frankfurt am Main 1973), von der sich diese bezeichnenderweise mehr fesseln ließ als der Generalstab.

Die unterschiedlichen Grenzen sind im Ersten Weltkrieg durch LUDENDORFF für das Militär und durch MAX WEBER für die Wissenschaft abgesteckt worden. Mit der „Natur" beider Bereiche hat das wenig zu tun, mehr schon mit dem „Maß an politischem Desinteresse" (MOHR, a.a.O., S. 9), welches aber eher ein Privileg politisch entlasteter als ein Indikator entpolitisierter Wissenschaft ist.

Zur Unterscheidung von politischer Entlastung und Entpolitisierung der Wissenschaft vgl. SPINNER, Popper und die Politik, Bd. I, S. 552 ff.; zur sachdienlichen Funktion des Entlastungsprivilegs ausführlich SPINNER, Das Prinzip Kritik als Leitfaden der Rationalisierung in Wissenschaft und Gesellschaft, Jahrbuch 1980 der Berliner Wissenschaftlichen Gesellschaft, Berlin 1981, S. 256 ff.

[57] Meine primär *soziologisch interpretierte Privilegierungsthese* berührt hier die juristischen Rahmenbedingungen und Flankierungsmaßnahmen. Auf das weite Feld des *Wissenschaftsrechts* möchte ich mich nicht begeben, über das umfassend informiert: CH. FLÄMIG u. a., Hrsg., Handbuch des Wissenschaftsrechts, 2 Bände, Berlin, Heidelberg, New York 1982. Im vorliegenden Zusammenhang relevant sind daraus vor allem die Beiträge zum ersten Band von GERD ROELLECKE, Geschichte des deutschen Hochschulwesens (S. 3 ff.), OTTO KIMMINICH, Hochschule im Grundrechtssystem (S. 56 ff.) und DIETER SCHEVEN, Die Ausgestaltung des Rechts der Professoren (S. 423 ff.).

Wenn nach ROELLECKES *Gleichstellungsthese* (Wissenschaftsfreiheit als institutionelle Garantie?, Juristenzeitung, Bd. 24, 1969, S. 726 ff.) Art. 3/III GG juristisch gesehen niemanden privilegiert, sondern

weil politische Entlastung keine politische Enthaltsamkeit der Wissenschaft gewährleistet, ist von *Weber* die *zusätzliche* Norm der wissenschaftlichen *Wertfreiheit* aufgestellt worden.

Übrigens sind solche Abkopplungsmanöver eine durchaus zweischneidige Angelegenheit, bei der die Wissenschaft gleichzeitig *zu kurz* und *zu weit* von der Normallage der Gesellschaft abdriftet, wenn die Trennung zu lax oder zu strikt gemacht wird.

Ersteres ergibt sich oft im Verhältnis der *Ideen und Interessen,* welche praktisch nur dann klar voneinander abtrennbar wären, wenn der Betroffene die eigene Interessenlage nicht kennen würde und deshalb gar nicht ein-

---

„nur bestimmte Angehörige des öffentlichen Dienstes für bestimmte dienstliche Funktionen allen anderen Bürgern" *gleichstellt* (S. 733), schließt das *außerrechtliche* Privilegierungen der *faktisch etablierten, politisch legitimierten* Wissenschaft ja nicht aus. Darauf aber kommt es mir hauptsächlich an.
Im übrigen ist *Roelleckes* Argumentation auf juristische Einwände gestoßen, welche eine Ausdehnung der Privilegierungsthese in rechtlicher Hinsicht berechtigt erscheinen lassen. Vgl. FRANZ-LUDWIG KNEMEYER, Garantie der Wissenschaftsfreiheit und Hochschulreform, a.a.O., S. 780 ff.; BERNHARD SCHLINK, Das Grundgesetz und die Wissenschaftsfreiheit, Der Staat, Bd. 10, 1971, S. 244 ff.; zusammenfassend KIMMINICH, a.a.O., S. 61 ff. und 75 ff.
Privilegiert ist meines Erachtens das staatlich und industriell gehegte wissenschaftliche Sondermilieu der Forschung & Lehre & Veröffentlichung – mit einigen Abstufungen, zumeist in dieser Reihenfolge – durch *kognitive Grundrechte,* im außerrechtlichen und teilweise auch engeren juristischen Sinn, mit denen die nichtprivilegierten Menschen in der Informationsgesellschaft erst einmal rechtlich gleichziehen müssen, ohne es faktisch je zu können. Vgl. den diesbezüglichen Anstoßversuch zur kognitiven Erweiterung der liberalen Freiheits- und Gleichheitsrechte durch SPINNER, Der Mensch in der Informationsgesellschaft, Die Neue Gesellschaft, Bd. 31, 1984, S. 797 ff.

kalkulieren könnte. Diesen wohltätigen „Schleier des Nichtwissens"[58] in eigenen Angelegenheiten gibt es aber nur als analytische Fiktion zur Konstruktion künstlicher Problemsituationen, für die eine Ausschaltung des Interesseneinflusses zwecks Erreichung einer „sauberen" wissenschaftlichen Lösung *fingiert* wird – dem Physiker vergleichbar, welcher in der Theorie vom Reibungswiderstand absieht, wohlwissend, daß es ihn in Wirklichkeit gibt und daß die davon abstrahierende theoretische Lösung allenfalls annähernd richtig sein kann, streng genommen also falsch ist.

So erweisen sich auch die wohlmeinenden Vorkehrungen zur Abkopplung der Ideen- von der Interessenlage als theoretisch saubere, aber praktisch offensichtlich nicht ganz richtige Lösungen. Für diesen Verdacht, den ich hier unter uns Pfarrerstöchtern wissenschaftlicher Konfession einmal offen aussprechen darf, bietet das *Vortrags- und Gutachterwesen* lehrreiches Belegmaterial. Selten kommt man dabei in die Verlegenheit, raten zu müssen, vor wem ein Vortrag gehalten oder für wen ein Gutachten geschrieben worden ist. Das *muß* aber so nicht sein. Zur Kur empfehle ich, *Max Weber* zu lesen. Seine Wissenschaftssoziologie ist zwar, genau betrachtet, auch nicht ganz astrein, aber immer noch grünes Holz im Vergleich zum dürren der heute verbreiteten Art.

Letzteres tritt leicht ein im Verhältnis von *Theorie und Praxis*, deren allzu strenge Trennung in der Wissenschaft für die Gesellschaft das Problem aufwirft, sie wieder zu-

---

[58] Vgl. JOHN RAWLS, A Theory of Justice, Oxford, London, New York 1972, S. 136 ff.; zur Problematik HERMANN KOCH, Soziale Gerechtigkeit nach dem Unterschiedsprinzip, Diss. Mannheim 1982.

sammenzubringen, um wissenschaftlich aufgeklärte praktische Politik, Wirtschaft, Technik, etc. machen zu können. Ein an Erkenntnis und immer mehr Erkenntnis rational orientiertes Verhalten „nach bestem Wissen der Wissenschaft" erfordert die *Wiedervereinigung von Theorie und Praxis*. Hierzu muß die zuvor aufgerissene Kluft zwischen beiden wieder überbrückt werden, um die Probleme unter realistischen Bedingungen *mit voller Belastung* zu lösen – wiederum dem Physiker vergleichbar, der nachträglich die Reibung doch noch einkalkuliert (was der Philosoph meistens vergißt). Von pragmatischen Notlösungen wie dem geläufigen *Beratungsmodell* in der Politik[59] abgesehen, ist die mit diesen Randbemerkungen aufgeworfene Frage der notwendigen *Rückkopplung von Theorie und Praxis* ungelöst.

---

[59] Vgl. KLAUS LOMPE, Wissenschaftliche Beratung der Politik, Göttingen 1966, und die ausgedehnte Folgeliteratur.

III. Wissenschaft als Führungssektor der gesellschaftlichen Entwicklung

Was man zusammenfassend „gesellschaftliche Entwicklung" zu nennen pflegt, erweist sich bei näherer Betrachtung als ein vielseitiger und uneinheitlicher Prozeß. Seine große *Mannigfaltigkeit* ergibt sich aus der Aufteilung („Ausdifferenzierung", systemtheoretisch gesprochen) der Gesamtgesellschaft in verschiedene Bereiche, die sich mehr oder weniger selbständig entwickeln: Staat und Politik, Recht und Verwaltung, Wirtschaft und Sozialsystem, Kultur und Erziehung – und andere Sektoren, je nach Unterteilung des Ganzen in seine wichtigsten Bestandteile, darunter in der modernen Gesellschaft immer auch Wissenschaft und Technologie, auf die es im folgenden ankommt.

Die *Uneinheitlichkeit* der gesellschaftlichen Entwicklung liegt nun vor allem darin, daß sich die einzelnen Bereiche aufgrund ihres Eigenlebens („Eigendynamik") ungleichmäßig entwickeln können. Das ergibt *Phasenverschiebungen* zu anderen Gesellschaftssektoren, welche der allgemeinen Entwicklung vorauseilen oder nachhinken. So entstehen, wie etwa die wirtschaftliche Entwicklung auf nationaler und internationaler Vergleichsebene belegt, vorübergehende oder dauernde Führungs- und Rückständigkeitspositionen: „verspätete Nationen" wie Deutschland bis zum Zweiten Weltkrieg, „unterentwickelte Wirtschaften" in der Dritten Welt, „rückständige" Bereiche oder sogar „absterbende" Branchen überall, wo die Entwicklung fortschreitet.

Das kann sich auch innerhalb einer Gesellschaft im Zuge von *Führungswechseln* zeitweilig oder endgültig ändern. So hat etwa in der abendländischen Entwicklung mit der von *Max Weber* erforschten Ausbildung der „rationalen" Wirtschaftsweise des modernen Kapitalismus – genauer: des neuzeitlichen Betriebskapitalismus anstelle des auch vorher schon bekannten Abenteurerkapitalismus – die *Rationalisierung durch Religion* der *Rationalisierung durch Rechnung* weichen müssen[60], die ja zur Zeit von der Informationstechnologie einen kräftigen Schub erhält. Damit war nicht nur ein Führungswechsel vom religiösen zum wirtschaftlichen Bereich verbunden, sondern ein gleichzeitiger Wechsel der dafür maßgeblichen Subjekte („Agenten") oder vielmehr Schichten (sozialen „Trägerschaften") vom Gottesmann zum Kaufmann, Juristen, Unternehmer, Bürokraten, Techniker.

1. *Führung durch Wissen:*
Die Führungsleistung der Wissenschaft und die Durchsetzungsschwäche der Vernunft

Ob man angesichts des erläuterten Tatbestandes mit den Klassikern des Marxismus, aber auch bedeutenden nichtmarxistischen Theoretikern, von einem echten „Gesetz der ungleichmäßigen und kombinierten Entwick-

---

[60] Vgl. SPINNER, Was heißt Rationalisierung? (erscheint demnächst im Beltz Verlag).

lung"[61] sprechen darf oder nur eine historische Erscheinung mehr zufälligen Charakters annehmen sollte, kann hier offen gelassen werden. Wichtig ist für die folgenden Überlegungen lediglich meine auf diese vielbelegte geschichtliche Tatsache bezogene systematische *These* über die gegenwärtige Entwicklungslage: Rationalisierung und Modernisierung haben in der jüngeren Vergangenheit einen *Führungswechsel* in der gesellschaftlichen Wertorientierung zugunsten von Wissenswerten bewirkt, mit dem Ergebnis, daß gegenwärtig *die Wissenschaft –* einschließlich der Technologie *– in Führung gegangen ist.*

Ist die Wissenschaft, wie eingangs gesagt, auch nur ein Teil der Gesellschaft, so doch seit nunmehr drei Jahrhunderten andauernden exponentiellen Wachstums[62] ihr schnellstwachsender zunächst geistiger, inzwischen vielfach auch wirtschaftlicher Führungsbereich, welcher der gesamtgesellschaftlichen Entwicklung weit vorauseilt. Die Theorie, von der Praxis abgekoppelt, geht dieser voraus wie der Blitz dem Donner. Das ist in diesem Ausmaß nur möglich aufgrund der Entlastung des Erkennens gegenüber dem Handeln. In der modernen Gesellschaft haben, ob wir es für gut halten oder nicht, Wissenschaft und Technologie kognitive Führungsfunktionen.

In eine solche, natürlich weder die einzige noch die alleinige gesellschaftliche Führungsposition ist die Wissenschaft nicht nur durch ihre überdurchschnittlichen Wachstumsraten (gemessen in Inputgrößen wie Manpo-

---

[61] Vgl. LEO TROTZKI, Denkzettel – Politische Erfahrungen im Zeitalter der permanenten Revolution, Frankfurt am Main 1981, S. 88 ff.

[62] Vgl. DEREK DE SOLLA PRICE, Science Since Babylon, enl. ed., New Haven und London 1975, S. 169 ff.

wer und Ressourcen, in Outputgrößen wie Publikationen und Patente) gekommen, sondern – *qualitativ* gesehen, im Sinne „geistiger" Führung – vor allem durch zwei intellektuelle Beiträge zur gesellschaftlichen Entwicklung: erstens den Funktionsmodus oder „Mechanismus" des *Prinzips Kritik* mit seinen genau angebbaren Führungsleistungen, wie anschließend beschrieben; zweitens das Phasenkonzept des *Wissenschaftlichen Problemlösens,* wie im darauf folgenden Unterabschnitt erläutert.

Das *Prinzip Kritik*[63] ist ein duales Führungssystem mit doppelter Funktion für *jede* Art von Entwicklung, bei der kognitive Wert-, rationale Regel-, theoretische Prozeß- und informative Resultatorientierung eine Rolle spielen. Das sind keineswegs alle Entwicklungen, sondern nur die „wissensgeladenen" oder wissenschaftlich beeinflußten, zu denen jedoch meines Erachtens immer mehr Tatbestände in der modernen Gesellschaft gehören werden.

Auf einen einfachen Nenner gebracht, bezieht sich der Gedanke einer *Führung durch Wissen* auf zwei Leistungen des Prinzips Kritik, wie es in der Wissenschaft unter Entlastung unbeschwert (obgleich nicht ungebremst), in der Gesellschaft bei voller Belastung nur eingeschränkt zum Tragen kommen kann: *Vorausdenken durch Theorie* und *Nachkontrolle durch Kritik*. Ersteres „antizipiert" Problemlagen, *bevor* sie eingetreten sind, indem es Theorien über *alle* Fälle einer bestimmten Art aufstellt – darunter zwangsläufig auch die *künftigen*, welche vorausschauend mituntersucht, deshalb natürlich zunächst nur theoretisch

---

[63] Ausführliche Darstellung und Diskussion bei SPINNER, Das Prinzip Kritik..., a.a.O. (s. Anm. 56).

und möglicherweise fehlerhaft gelöst werden. So kann Wissen das Handeln leiten, nach dem populären Motto: Zuerst denken, dann handeln! Dazwischen schiebt sich die Nachkontrolle der Theorie durch Kritik, um eventuelle Fehler in der theoretischen Problemlösung vorab auszuscheiden. Das wäre dann die „eliminierende" Leistung der Argumentation, welche zwecks Fehlerverbesserung die Theorie mit Gegeninformation[64] konfrontiert. Beide Leistungen sind aufeinander bezogen und bilden das duale Funktionssystem des *Prinzips Kritik*. Wie dieses im einzelnen funktioniert, soll anstelle weiterer Erläuterungen *Abb. 2* auf S. 70/71 zeigen.

Wie man nicht nur Recht haben, sondern auch recht bekommen muß, um zum Erfolg zu kommen, so braucht das *Prinzip Kritik* zum Wissensfaktor auch die Durchsetzungskraft, um seine Führungs- und Kontrollfunktionen ausüben zu können. Wenn man nach meinem Vorschlag[65] eine Entwicklung dann und nur dann „rational" nennen sollte, sofern sie in diesem Sinne *wissensgeleitet und kritikkontrolliert* ist; wenn man folglich ihre „Vernunft" grundsätzlich im kognitiven Faktor verkörpert sieht, läßt sich

---

[64] Das *Prinzip Kritik* als Zusammenspiel von Leit- und Gegeninformation ist ein „härteres" Kritikkonzept als die „weichen" Vorstellungen des liberalen Aufklärungsgedankens, der „kritischen Diskussion" und des „herrschaftsfreien Diskurses". Kritischer Rationalismus und Kritische Theorie zeigen vielfach verdächtige Sympathie für folgenlose „Aufklärung" anstelle von effektivem Widerspruch und, notfalls, aktueller Abwanderung (im Sinne von ALBERT O. HIRSCHMAN, Abwanderung und Widerspruch, Tübingen 1974). Die harte Konfrontation mit Gegeninformation weicht dem bedenkenden „Reflektieren" und dem zurückhaltenden Antichambrieren vor den Institutionen der realexistierenden Wissenschaft.

[65] Vgl. SPINNER, Das Prinzip Kritik..., a.a.O.

über den Führungssektor Wissenschaft die weitere *These* aufstellen: *Führung durch Wissen ist informationsstark, aber sanktionsschwach!*

Das heißt im Klartext: Das beste Vorauswissen, die informativsten Theorien, die bewährtesten Grundsätze, die treffendste Kritik, die vernünftigsten Handlungsanweisungen – sie alle können in der Praxis ignoriert, unterdrückt, überspielt werden oder einfach unbeachtet bleiben, wenn man sich nicht daran halten will oder halten muß. In diesem Erfahrungstatbestand liegt die mögliche Leistungsstärke und tatsächliche Vernunftschwäche dieses Führungskonzepts.

Die Wissenschaft bringt also die Führungsfunktion des Wissens gegenüber dem Handeln – (sich oder andere) zuerst informieren, dann entscheiden und durchführen! – zum Tragen, indem sie relevante Information zum rationalen Problemlösen liefert, *ohne dieses selber einleiten oder gar in eigener Regie durchführen zu können.* Demgemäß ist die Führungsarbeit der Wissenschaft zwar *hochinformativ*, aber *entscheidungsarm und durchsetzungsschwach*. Wenn, wie wir noch sehen werden, die Wissenschaftler in ihrem Verantwortungsbereich die *Folgen* des Wissens sanktionsfrei ignorieren dürfen, so können die Politiker dasselbe mit dem *Wissen* selber tun. Niemand, am allerwenigsten die Wissenschaft, kann sie durch wirksame Sanktionen zwingen, „nach bestem Wissen" zu handeln.

Dieses *Dilemma* von Informationsstärke und Sanktionsschwäche ist ein Strukturmerkmal theoretisch-wissenschaftlicher Erkenntnis, das in der Eigenart des kognitiven Faktors liegt und durch die Geschäftsbedingungen für Wissenschaft als Beruf & Betrieb noch verstärkt wird. Daß daran *Moral* allein kaum etwas ändern könnte, geht

70 · Wissenschaft als Führungssektor

Abb. 2: *Funktionsmodell des „Prinzips Kritik"*

PRINZIP KRITIK
(Funktionsschema für das Zusammenwirken von Information und Gegeninformation im Problemlösungsprozeß)

FÜHRUNGSFUNKTION DES ERKENNENS
durch allgemeines Wissen als Leitinformation (Theorien, Gesetze, Grundsätze, Regeln)

KOGNITIVE DOMINANZ
Vorrangigkeit des Wissens: sachlicher Vorrang, zeitlicher Vorlauf, entwicklungsmäßiger Vorsprung)

verstanden als Maß oder Grad der *führenden Rolle* des Erkenntnisfaktors gegenüber anderen Einflußfaktoren

KOGNITIVE RELEVANZ
(Bedeutung des Wissens: quantitatives Ausmaß und qualitatives Gewicht des Wissensanteils in den Tatbeständen)

verstanden als Maß der *Wissensbedingtheit* der Problemstellungen und Problemlösungen

KONTROLLFUNKTION DER ARGUMENTATION („KRITIK") durch besonderes Wissen als Gegeninformation (Erfahrungsdaten, argumentative Einwände, „Tatsachen")

KRITISCHE KOMPETENZ
zur Argumentation (Fähigkeit zur Gegenargumentation)

verstanden als Maß für *Kritikpotenzen*, z. B. der Kritikfähigkeit von Individuen oder Gruppen

KRITISCHE REZEPTIVITÄT
für Argumente (Zugänglichkeit für Gegeninformation)

verstanden als Maß für *Lernpotentiale*, z. B. der Kritikoffenheit u. -verarbeitungsfähigkeit von Organisationen

Führung durch Wissen

spezifiziert als Ideenorientierung, Wahrheitsperspektive, Erkenntnisvorsprung, Rationalitätsvorgabe, Vorausdenken	spezifiziert als Lösbarkeit der Probleme durch Wissen, Ideenbestimmtheit, Informationshaltigkeit und -abhängigkeit	spezifiziert als Artikulations- und Organisationsfähigkeit von Kritik; Befähigung zur empirischen, experimentellen, argumentativen Überprüfung	spezifiziert als „Eindringtiefe" von und Empfänglichkeit für Gegeninformation, Korrigierbarkeit durch Kritik, Aufnahme von Argumenten, Lernfähigkeit
gestützt auf *hohe Legitimationskraft* der Wissenschaft in der modernen Gesellschaft	gefährdet wegen geringer *Motivationskraft* des Wissens für das Handeln (das eher interessenbedingt ist)	gestützt auf *hohe Informationskraft* von Gegeninformation (Kritik ist informativer als Bestätigung)	gefährdet wegen geringer *Sanktionskraft* von Gegeninformation (Ideen ohne Macht)
verwirklicht durch (wiss.) *Erkenntnisfortschritt*	verwirklicht durch *Verwissenschaftlichung* der Gesellschaft	verwirklicht durch *Kritische Lebensform*	verwirklicht durch *Offene Gesellschaft* (lernfähige Organisation, u. dgl.)

THEORIE im Zusammenwirken mit KRITIK

PROBLEMLÖSEN durch Theorie & Kritik

– erschwert neben den obengenannten inneren Schwächen durch die äußeren Bedingungen der sozialen Verteilung beider Wissensarten (Trennung von Theorien- und Kontrollwissen, ersteres geballt in der Wissenschaft, letzteres zerstreut in der Gesellschaft.

aus den Eingangsbemerkungen über die Widerstandskraft von sozialen Strukturen hervor. Ob mit dem *Recht*, in Gestalt von einschlägigen Gesetzen zuhanden von besonderen Wissenschaftsgerichtshöfen („science courts"), mehr auszurichten ist, wird uns in Abschnitt V beschäftigen, wo der Gedankengang mit einer neuen Verantwortungsthese für die Wissenschaft zum Abschluß kommt.

2. Wissenschaftliches Problemlösen nach dem Phasenmodell: Führungsfunktion des allgemeinen, Kontrollfunktion des besonderen Wissens

Probleme „mit den Waffen eines Forschers" *wissenschaftlich* zu lösen, ist ein *indirektes, umwegiges Verfahren*, welches anstelle einer unmittelbaren Lösung des vorliegenden Falles – durch direkte Aktion sozusagen – die Problemstellung *zunächst* verallgemeinert, *sodann* das Problem in seiner allgemeinen Fassung löst, *schließlich* diese grundsätzliche „Lösung für alle Fälle gleicher Art" auf den anstehenden Einzelfall rückanwendet. In der Wissenschaft geht dieser schöpferische Produktionsumweg über die allgemeine, abstrakte *Theorie*, d. h. über die Bildung, Prüfung und Anwendung von Theorienwissen, die sich zwischen das Problem und seine Lösung schiebt.

Das war der eigentliche Beitrag der Wissenschaft, den sie seit ihrer Entstehung im griechischen Denken[66] zum Problemlösen gemacht hat. Diese wissenschaftliche Um-

---

[66] Vgl. die Rekonstruktion des wissenschaftsbildenden griechischen Erkenntnisstils in SPINNER, Begründung, Kritik und Rationalität, Bd. I, Braunschweig 1977, Kap. 2.

leitung des Denkens und Handelns *via Theorie* ist nicht der kürzeste Weg vom Problem zur Lösung, aber der vernünftigste und zumeist auch erfolgreichste, wenn das Ergebnis über den unmittelbaren Anlaß hinaus Bestand haben und zu einem tieferen Verständnis – einer guten *Erklärung* – der Problematik führen soll.

Ein einfaches, erfundenes Beispiel soll den Grundgedanken wissenschaftlichen Problemlösens etwas verdeutlichen und kann nebenbei sichtbar machen, worin der direkte Weg bestünde und daß das indirekte „wissenschaftliche" Vorgehen alles andere als ein natürliches, selbstverständliches Verhalten angesichts von Problemen ist, die man lösen will. Angenommen, ein Mann wolle sein Schuldenproblem durch eine reiche Heirat lösen. Die praktische Lösung bestünde im direkten Zugriff auf eine Frau mit Geld, wo immer sie zu finden sein mag, so unmittelbar und unvermittelt wie nur möglich. Das wäre die direkte Lösung auf einen Schlag, die ohne jede wissenschaftliche Rationalität, Methode und Theorie zum Erfolg führen kann, aber natürlich nicht muß. Ob man so vorgehen will, ist Ansichts- und Gelegenheitssache.

Das wissenschaftliche Vorgehen bestünde dagegen im Umwegverfahren darin, eine oder besser mehrere Theorien aufzustellen – über die Anziehung der Geschlechter, falls zu den finanziellen auch erotische Ansprüche kommen; sonst lediglich über die Sanierungsmöglichkeiten per Heirat –, sie im Gedanken- oder Realexperiment abzutesten, die bestgeprüfte Hypothese auszuwählen, um im Lichte dieser Theorie auf Brautschau zu gehen (falls bis dahin der Konkursfall noch nicht eingetreten ist). So vorzugehen, ist Grundsatzsache und Ausfluß der (wissenschaftlichen) Vernunft. Das kann auch zum Erfolg führen, muß aber nicht. Wenn man damit nicht zu Geld kommt, kann man daraus immerhin noch eine Doktorarbeit machen, so daß man auf diesem praktischen Umweg um den theoretischen Umweg herum vielleicht doch noch zum Ziel kommt.

Wem dieses Beispiel aus dem Ideenschatz der fröhlichen Wissenschaft zu lächerlich erscheint, der denke stattdessen an *Sir Isaac Newton*, den Apfel und das Gravitationsgesetz. Die Pointe sagt dasselbe.

Spaß und Story beiseite, zurück zum wissenschaftlichen Problemlösen: Das erfordert *allgemeines Wissen* in Gestalt von Theorien über generelle Zusammenhänge und *besonderes Wissen* in Form von Daten über empirische Befunde, lokale Umstände, spezielle Randbedingungen, u. dgl. Die generellen, theoretischen Erkenntnisse bilden dabei das eigentliche *Führungswissen* zum Vorausdenken und Erklären, die speziellen, raumzeitlich indizierten Erkenntnisse das *Kontrollwissen* zum Überprüfen des Theorienwissens und seiner Problemlösungsvorschläge.

Das wäre wissenschaftliches Problemlösen nach dem *Prinzip Kritik*. Aber so einfach liegen die Dinge natürlich nicht. Ohne in die Einzelheiten zu gehen, sei das *Phasenmodell* mit groben Strichen skizziert, um in Abschnitt IV die Arbeitsteilung zwischen dem Wissenschaftler und dem Journalisten beim sozialen Problemlösen erläutern zu können.

So gesehen – die Sachlage unterschieden nach Arten und Funktionen des eingesetzten Wissens –, ist *wissenschaftliches Problemlösen* ein Prozeß in Phasen, dessen Hauptstadien die folgenden vier Schritte sind:

(1) In der *Problemstellungsphase* wird der fragliche Tatbestand als „wissenschaftliches Problem" zur Diskussion

gestellt, d. h. als eine Frage an die Wissenschaft, welche diese mit ihren Mitteln und Methoden – erkennend und prüfend, mit Hilfe von erklärender Theorie und kontrollierender Erfahrung – grundsätzlich beantworten kann.

In diesem Sinne zum Problem kann nur das werden, was sich zunächst einmal überhaupt als eine *Erkenntnisfrage* stellen und in dieser Fassung zur *Erklärungsaufgabe* einer Theorie machen läßt. Nur dann kann in der gelungenen Erklärung die *theoretische*, in ihrer technologischen Umsetzung zwecks Verwirklichung des erwünschten oder Veränderung des problematischen Tatbestandes die *praktische Problemlösung* gesehen werden.

Dazu muß im ersten Schritt der zu lösende Fall auf die *kognitive Ebene* der Erkenntnis-, Geltungs-, Erklärungs-, Prüfungs-, Anwendungsfragen gebracht werden. Wo diese Fragen keine Rolle spielen, können größte Schwierigkeiten in der Welt vorliegen, aber keine kognitiven Probleme der Wissenschaft, welche diese lösen könnte. Das ist immer dann der Fall, wenn solche Fragen keinen Sinn ergeben oder nur zufällige Antworten gleichgültigen Inhalts zulassen.

„Was soll ich tun?", ist keine Wahrheitsfrage und stellt kein wissenschaftliches Problem dar (sondern ein persönliches, moralisches, für dessen Lösung Erkenntnisse nicht ausschlaggebend sind). Traditionales Handeln, rein nach Gewohnheitslage, ist nicht wissensgeleitet, d. h. von (neuen) Erkenntnissen unabhängig. Emotionales Handeln, rein nach Gefühlslage, ist nicht kritikkontrolliert. Dasselbe gilt für Handeln nach Willenslage („mach was du willst!") oder nach Zufallslage (wörtlich zu verstehen: nicht „wie wahrscheinlich", sondern „wie zugefallen", allenfalls zu erraten statt zu berechnen). Rationales Handeln *nach Erkenntnislage*, im Stile wissensgeleiteten und kritikkontrollierten Problemlösens, stellt erhöhte Anforderungen, die gewöhnlich nicht erfüllt sind. Dazu bedarf es besonderer Voraussetzungen und Anstrengungen, wie sie in *Abb. 2* zusammenfassend dargestellt sind.

Nicht jede kleine oder große Schwierigkeit im Leben ist also in diesem nichtalltäglichen Sinne ein Problem, dessen angemessene Art der Behandlung darin bestünde, einen wissenschaftlichen Problemlösungsprozeß darauf anzusetzen. Mit dem besten Wissen über das „Problem", seine Ursachen und Auswirkungen wird man bekanntlich eine Neurose noch lange nicht los. Derartige Tatbestände mögen zwar erkenntniszugänglich, aber zugleich so wissensunempfindlich sein, daß es dafür kein wirksames wissenschaftliches Problemlösungsverfahren gibt. In diesem Fall löst sich entweder das „Problem" von selbst auf (wie bei einer vorübergehenden Neurose) oder bleibt ungelöst weiterbestehen. Eine rationale Lösung auf wissenschaftliche Art und Weise ist weder das eine noch das andere. Die Notwendigkeit, Schwierigkeiten bewältigen oder mit ihnen einfach leben zu müssen, geht weiter als die Möglichkeit, sie als wissenschaftliche Probleme stellen und lösen zu können.

Inhaltlich gesehen, muß ein wissenschaftliches Problem als Erkenntnisfrage gestellt werden. Formal gesehen, erfolgt die Verlagerung auf die Wissensebene durch „Symbolisierung", d. h. *symbolische Wiedergabe*, sprachliche Formulierung, theoretische Darstellung mit Hilfe von Zeichen („Symbolen"), Begriffen, Aussagen, Formeln, u. dgl. – anstelle einer *gegenständlichen Wiedergabe* der Problemlage, was viel zu aufwendig oder völlig unmöglich wäre! Der Vorteil der symbolischen statt wirklichen Problemstellung liegt darin, daß die theoretische Darstellung in der Untersuchung stellvertretend für die praktische Situation steht. Wer Sachverhalte symbolisch wiedergeben, versprachlichen, bildlich oder abstrakt darstellen kann, braucht nicht die Dinge selbst zu bewegen.

Wie der Architekt seine Vorstellungen von einem Haus im Entwurf theoretisch durchdenkt und das Ergebnis berechnet, statt sie im Bau gleich praktisch durchzuprobieren, so daß Problemlösungsfehler erkannt werden können, bevor sie wirklich gemacht worden sind, arbeitet der Wissenschaftler mit Theorien *über* die Wirklichkeit, in symbolischer Stellvertretung. Das ermöglicht den bereits erläuterten *Vorlauf* der Theorie gegenüber der Praxis, des Wissens gegenüber dem Handeln. Die Folge ist natürlich, daß die theoretische Problemlösung nicht nur erfunden *(Phase 2)* und überprüft *(Phase 3)*, sondern in einem zusätzlichen Schritt erst noch verwirklicht werden muß *(Phase 4)*, um ein Problem *tatsächlich* zu lösen. Die Theorie muß anwendbar sein und angewendet werden.

Deshalb ist Problemlösen ein mehrstufiger Prozeß, der alle Phasen durchlaufen muß, um zum Erfolg zu kommen. Das Endziel und der letzte Schritt dazu gehen über die Wissenschaft hinaus. Das gilt insoweit auch schon für die vorletzte (dritte) Phase, das Auffinden und Einspeisen sozial verstreuter Gegeninformation in den wissenschaftlichen Problemlösungsprozeß.

(2) Die *Erfindungsphase* bringt den zweiten Schritt von der Problemstellung zur Aufstellung von *Theorien*, welche das Problem gleichzeitig so allgemein und so genau wie nur möglich zu erfassen suchen, um die gesetzmäßigen Zusammenhänge zwischen den Einzelheiten (Ursachen, Wirkungen, Bedingungen, etc.) zu erkennen. So

wird beispielsweise die Frage nach den Größenverhältnissen in einem konkreten rechtwinkligen Dreieck mit bestimmten Seitenlängen (die man im Einzelfall auch praktisch ausmessen könnte, mit allerdings nur dafür geltendem ungenauem Ergebnis) von der Mathematik theoretisch für *alle* rechtwinkligen Dreiecke mit beliebigen Seitenlängen zum Problem gestellt und mit dem pythagoreischen Lehrsatz allgemein gelöst: Im rechtwinkligen Dreieck ist die Summe der Quadrate über den Katheten flächengleich dem Quadrat über der Hypothenuse.

Im Gegensatz zu solchen beweisbaren Theoremen der Formalwissenschaften sind die Theorien der Erfahrungswissenschaften lediglich unbeweisbare *Hypothesen*, welche nur mutmaßlich wahr sein können. Sie gelten immer nur bis auf Widerruf, bis zur empirischen oder experimentellen Widerlegung („Falsifikation"[67]). Ansonsten geht es beim schöpferischen Produktionsumweg der Theoriebildung hier wie dort um die *Erklärung* des Tatbestandes, welche die (theoretische) *Problemlösung* des zum wissenschaftlichen Problem verallgemeinerten Ausgangsfalls liefert. Dazu produziert die Wissenschaft möglichst mehrere Theorien mit verschiedenen Problemlösungen *(Theorienpluralismus*[68]*)*, zum Vergleich und zur Auswahl.

Im Unterschied zum alltäglichen Vorgehen macht das wissenschaftliche Verfahren nicht nur einen absichtlichen

---

[67] Vgl. KARL R. POPPER, Logik der Forschung (1935), 2., erw. Aufl., Tübingen 1966.

[68] Vgl. SPINNER, Pluralismus als Erkenntnismodell, Frankfurt am Main 1974; die weitere Entwicklung zusammenfassend DERS., Theorienpluralismus in Wissenschaft und Praxis – Problemübersicht, in: G. A. NEUHAUS, Pluralität in der Medizin, Frankfurt am Main 1980, S. 34 ff.

Produktionsumweg über Theorien, sondern darüber hinaus eine bewußte *Überproduktion* von Theorien, um ans Ziel zu kommen. Das ist eine Lehre, die für alles schöpferische Denken gilt: Wer *gute* Innovationen machen will, muß *viele* Ideen haben und die schlechteren ausscheiden – möglichst bevor sie verwirklicht werden! Darum geht es im nächsten Schritt.

(3) In der *Kontrollphase* werden die als Hypothesen betrachteten Theorien mit allen geeigneten Mitteln (Logik, Erfahrung, Experiment) *überprüft*. Im Prüfstadium geht es um die Bestimmung der richtigen oder wenigstens relativ besten Problemlösung, im Hinblick auf Theorienwahrheit und/oder Praxistauglichkeit. Diese wissenschaftliche Kontrolle („Kritik") besteht vor allem im Einspeisen von besonderem Erfahrungswissen als Gegeninformation („Widerspruch") zum allgemeinen Theorienwissen, welches dadurch widerlegt („falsifiziert") wird. Denn ein theoretischer Lösungsvorschlag für den allgemeinen Fall, d. h. für alle Fälle gleicher Art, kann nur eine Vermutung („Hypothese") sein, welche sich der Widerlegung durch jeden entgegenstehenden Einzelfall aussetzt.

So können grundsätzlich unrichtige oder untaugliche Problemlösungen durch Herausprüfen der Theorien, aus denen sie sich ergeben, zwar erst nachträglich zur Theorienbildung, aber noch vor ihrer praktischen Anwendung ausgeschieden werden, sofern alle erforderlichen Instrumente (Logik, Methoden, Experimente) und Informationen (Befunde, Daten, Argumente) verfügbar sind. Als bewährt, obgleich nicht als bewiesen, gilt jene Theorie und deren Problemlösungsvorschlag, welche diese Prüfung besteht, d. h. angesichts aller bekannten Informationen unwiderlegt bleibt. Da die Möglichkeit noch unentdeckter Gegeninformation nie ausgeschlossen werden kann, ist die Bewährung keine endgültige Bewahrheitung („Verifikation"). Theorienwissen ist und bleibt folglich Vermutungswissen, das nur hypothetische Problemlösungen liefern kann.

Das macht verständlich, warum der Produktionsumweg und die Überproduktion aufwendig, aber sinnvoll und letztlich höchst zweckmäßig sind. Beide Schachzüge des wissenschaftlichen Problemlösens erweitern die Überprüfungsmöglichkeiten für Problemlösungen und erhöhen die Chancen für gute Ergebnisse. In dieser auf den ersten Blick unsinnig oder zumindest unwirtschaftlich erscheinenden Strategie liegt die *verbessernde Vernunft* des wissenschaftlichen Problemlösungsprozesses[69].

(4) Für die *Anwendungsphase* ist das ausgewählte allgemeine Problemlösungswissen von der wissenschaftlichen Theorieform (mit Gesetzesaussagen „wenn A, dann B") in die praktisch-politische *Technologieform* (mit Realisierungsmaximen „wer B will, muß A verwirklichen!") überzuführen. Dazu bedarf es lediglich einer logischen Umformulierung, welche den wesentlichen Inhalt (über den gesetzmäßigen Ursache/Wirkungszusammenhang zwischen A und B) der Theorie unberührt läßt, diese aber anwendungsfähig macht[70].

---

[69] Vgl. HANS ALBERT, Traktat über kritische Vernunft, 4. Aufl., Tübingen 1980.
[70] Zur logischen Transformation allgemeiner Gesetzeshypothesen von der Theorie- in die Technologieform vgl. KARL R. POPPER, Das Elend des Historizismus, Tübingen 1965, S. 47ff.; weiterführend HANS ALBERT, Wissenschaft und Politik, in: ERNST TOPITSCH, Hrsg., Probleme der Wissenschaftstheorie – Festschrift für Viktor Kraft, Wien 1960, S. 201ff.

So können theoretische Problemlösungen praktisch verwirklicht werden, je nach Zielsetzung durch Herstellung oder Veränderung der Problemlage. *Technologien* in diesem methodischen Sinne – die nicht mit bloßen Techniken und Taktiken ohne theoretische Grundlage verwechselt werden dürfen –, bilden die Endform des wissenschaftlichen Problemlösungswissens. Nicht jeder Problemlösungsprozeß erreicht dieses Endstadium.

IV. Wissenschaft und Journalismus: Wissenssymbiose zweier Problemlösertypen

Daß die geschilderte Art und Weise des Problemlösens etwas mit Wissenschaft zu tun haben muß, ist so offensichtlich, daß die offene Frage allenfalls zu sein scheint, wie da überhaupt noch etwas anderes außer wissenschaftlichen Erkenntnissen, Methoden, Menschen zum Zuge kommen könnte – von den Politikern einmal abgesehen, die für die Finanzierung und den praktischen Vollzug zuständig sind. Wenn noch andere Beteiligungen am gesamten Problemlösungsprozeß ins Auge gefaßt werden (von der Philosophie bis zur Polizei, je nach Art der Probleme und der erwogenen Lösungen), wird dabei an einen journalistischen Beitrag wohl zuletzt gedacht.

Ein solcher ist auch von jenen Theoretikern nicht vorgesehen, welche die Aufgaben oder „Funktionen" des Journalismus im allgemeinen und des Wissenschaftsjournalismus im besonderen nach dem neuesten Stand der damit befaßten Wissenschaften, also ziemlich erschöpfend, aufzählen. Da ist ziemlich wahllos die Rede von den Rollen des Predigers, Pädagogen, Hüters der Wahrheit, gar eines Präzeptors der Menschheit mit ausgedehnten Erziehungs- und Kontrollfunktionen[71], welche nach vor-

---

[71] Vgl. WALTER HÖMBERG, Der Journalist – Prediger, Pädagoge,

herrschender Meinung zumindest für den *Wissenschaftsjournalismus* realistischerweise auf diejenige eines *Dolmetschers mit Vermittlungsfunktion* zurückzustutzen sind[72]. Eine besondere, über das Vermitteln zwischen Wissenschaft und Öffentlichkeit durch Verbreitung von Nachrichten aus der Welt der Wissenschaft in jedem Verdünnungsgrad[73] hinausgehende Ermittlungs- und Kritikfunktion

---

Hüter der Wahrheit?, in: Beiträge zu den Fortbildungskursen des Goethe-Instituts für ausländische Deutschlehrer an Schulen und Hochschulen 1976, hrsg. vom Goethe-Institut, München 1977, S. 184 ff.

Noch ausführlicher aufgezählt und eingehender diskutiert werden die diversen „Theorien journalistischer Rollen" von Manfred Rühl, Journalismus und Gesellschaft, Mainz 1980, S. 62 ff.

Ausführliche Kritik des alten und engagierte „Plädoyers für einen neuen, einen anderen Journalismus" (S. 9) bringen die Beiträge zu Wolfgang R. Langenbucher, Hrsg., Journalismus & Journalismus, München 1980, allen voran die Einleitung des Herausgebers: Vom notwendigen Wandel des Journalismus, S. 9 ff. Zu einer systematischen Neubestimmung der kognitiven Funktionen des Journalismus im Rahmen eines systematischen Wissenskonzepts der modernen Informationsgesellschaft kommt es dabei jedoch nicht, soweit ich sehe. Das gilt leider auch für Franz Starks Versuch, Poppers Kritischen Rationalismus „als theoretisches Fundament für die journalistische Recherche" nutzbar zu machen (Die offene Recherche und ihre Feinde, a.a.O., S. 73 ff.).

[72] Vgl. Eckart Klaus Roloff und Walter Hömberg, Wissenschaftsjournalisten – Dolmetscher zwischen Forschung und Öffentlichkeit, Bild der Wissenschaft, Bd. 12, 1975, Heft 9, S. 56 ff. Auf Dolmetscherdienste und Vermittlungsleistungen läuft auch die Aufgabenstellung der journalistisch „verständlich" gemachten Wissenschaft hinaus, nach den meisten Beiträgen zu Klaus Hansen, Hrsg., Verständliche Wissenschaft – Probleme der journalistischen Popularisierung wissenschaftlicher Aussagen, Gummersbach 1981 (Dokumentation der Theodor-Heuss-Akademie, Bd. 5).

[73] Zur Frage des „Verdünnungsgrades" von Informationen „aus der Welt der Wissenschaft" vgl. Roloff und Hömberg, a.a.O., S. 60.

im Sinne eines forscherischen („investigativen") Journalismus scheint es für den Wissenschaftsjournalisten nicht zu geben.

Was der Wirtschaftsjournalist für die Wirtschaft, der Sportjournalist für den Sport, der Modejournalist für die Mode, das macht der Wissenschaftsjournalist für die Wissenschaft: jenseits von Erfolgsbilanzbeurteilung (Wirtschaft), Resultatkundgabe (Sport) und Hofberichterstattung (Mode, oft auch Politik) allenfalls vermittelndes, verdünnendes, vereinfachendes Dolmetschen aus der Wissenschafts- in die Alltagssprache. Das ist so brav und bieder, daß die klassische Rolle des Demagogen[74] oder die moderne des Unterhalters nicht einmal mehr aus Vollständigkeitsgründen erwähnt werden. Diese sind wohl zu anrüchig, obwohl nichts dafür spricht, daß der Wissenschaftsteil einer Zeitung zu einem anderen Zweck geschrieben und gelesen wird als der Wirtschafts- oder Sportteil, *solange sich der Wissenschaftsjournalismus nicht vom Wirtschafts- und Sportjournalismus unterscheidet* (also beispielsweise so unfindig – dazu gleich Näheres – und unkritisch ist wie dieser). Wie, wo, womit und wozu, das ist die Frage, welche die „Wissenschaft vom Wissenschaftsjournalismus" bislang nicht gestellt, geschweige denn beantwortet hat[75], als gäbe es heutzutage keine ernsthafte Alternative mehr zur Aufgabenstellung der Vermitt-

---

[74] Vgl. WEBER, Gesammelte politische Schriften, S. 525, wo der Journalist zum wichtigsten heutigen Repräsentanten der modernen Demagogie des gedruckten Wortes erklärt wird.
[75] Ich gebe damit den letzten Satz von ROLOFF und HÖMBERG (a.a.O., S. 60) an die Journalismuswissenschaftler zurück und greife

lungstheorie. Wissenschaft betreibt Forschung & Lehre, Journalismus „vermittelt" sie dem wissenschaftlich interessierten Publikum, das sich über die neuesten Forschungsresultate oder gängigsten Lehrstücke informieren will, ohne zur Fachliteratur greifen zu müssen[76].

1. Journalismus als gebundene und belastete Wissensarbeit: Vermittler- und Findigkeitstheorie des Wissenschaftsjournalismus

Abweichend von Moral, Methode und Milieu des wohletablierten, (fast) interesselos forschenden Wissenschaftlers macht der Journalist trotz mancher Ausnahmebedingungen und Sonderrechte *seines* Berufs & Betriebs (erweiterte Informations- und Publikationsmöglichkeiten, ausgedehnter Schutz der Meinungs- und Pressefreiheit, Zeugnisverweigerungsrechte bezüglich der Informationsquellen, u. a.) in viel stärkerem Ausmaß *zweck- und interessengebundene, praxis- und politikbelastete Informationsarbeit.*

Dabei stehen dem Wissenschaftsjournalisten für seine Wissenstätigkeit *zwei Wege* offen. Entweder kann er sich als journalistisches *Hilfsorgan der Wissenschaft* gegenüber der Gesellschaft verstehen, dessen Aufgabe es ist, wissen-

---

ihn gleichzeitig für die Wissenschaftswissenschaftler auf. Die darin enthaltene Kritik an der Vernachlässigung des Wissenschaftsjournalismus durch die Wissenschaftsforschung und von dieser durch die Publizistik ist in beiden Zielrichtungen nur allzu berechtigt.

[76] Ein Musterbeispiel gehobener Art für den Wissenschaftsvermittlungsjournalismus liefert RAINER FLÖHL, Hrsg., Spitzenforschung in Deutschland, Stuttgart 1983.

schaftliche Erkenntnisse einem größeren Laienpublikum nahezubringen. Dann leistet er durchaus wichtige, aber erkenntnismäßig *unselbständige Vermittlungs-, Vereinfachungs- und Verteilungsarbeit* nicht gerade im Solde, aber im Dienste der Wissenschaft, die er in ausgewählter, ausgedünnter Form dem Publikum zur Belehrung oder Unterhaltung andient.

Für diese Aufgabe ist der Wissenschaftsjournalist zumeist *fachlich inkompetent*, auch wenn er sie sachlich gut macht. Selbst wenn er zufällig das richtige Fach studiert haben sollte (was immer nur zu einem Bruchteil möglich ist, da er nur ein Fach studiert, aber meist mehr als eines vermitteln muß), hat er dafür fast keine Kompetenz und gar keine Reputation, weil er aus dem Training und Wettkampf ausgeschieden ist. Solcher Wissenschaftsjournalismus kann gar nichts anderes tun, als *Wissenschaft wiederkäuen*, um sie für das Publikum leichter verdaulich, schneller zugänglich und reibungsloser annehmbar zu machen. Nach dieser hier keineswegs abschätzig behandelten *Vermittlertheorie* wären Wissenschaftsjournalisten also schnelle Informationsbrüter, aber keine Problemlösungsbrüder im gesellschaftlichen Wissens- und Entwicklungsprozeß.

Die Nähe der so verstandenen Vermittlungs- zur Legitimationsfunktion ist offenkundig. „Bild der Wissenschaft" und ähnliche Publikationsorgane des Wissenschaftsjournalismus dienen, vielleicht wider Willen, dazu, durch Vermittlung gemeinverständlicher Wissenschaft die ansonsten eher unverständliche Fachwissenschaft der Experten populär, d. h. für die Öffentlichkeit annehmbar zu machen: begreifbar, benutzbar, bejahbar, bezahlbar. Ist die Wissenschaft sozial akzeptiert, ist sie unter demokratischen Verhältnissen auch politisch legitimiert, nicht zuletzt durch Vermittlung des Wissenschaftsjournalismus.

Wissenschaftlich kompetent muß der Journalist nicht unbedingt sein, um „den Austausch von Informationen und Meinungen zu ermöglichen"[77], wohl aber kooperativ und kommunikativ. Jede Konferenz im Beisein von Journalisten belegt das, von denen bekanntlich nicht die Einführungsliteratur für Anfangssemester verfaßt wird (was den souveränen Überblick voller Kompetenz erfordert), sondern Berichte, Reportagen, Interviews, selten Kommentare, wenig Kritik.

Oder, zweitens, der Wissenschaftsjournalist macht *eigenständige Erkenntnisarbeit* in problemlösender Absicht. Aber womit und wozu? Wo ist sein Platz im Problemlösungsprozeß, wie er im vorangehenden Abschnitt skizziert worden ist? Ist das Phasenmodell nicht auf die Zusammenarbeit von Wissenschaftlern und Politikern zugeschnitten, in den vier Hauptschritten auf beide Seiten restlos aufgeteilt, so daß für den Journalisten tatsächlich nichts mehr als die Vermittlung und Legitimation der „fertigen" Problemlösungen übrigbleibt?

Erinnern wir uns daran, daß zum wissenschaftlichen Problemlösen allgemeines und besonderes Wissen erforderlich ist, verkürzt gesagt: Theorie und Erfahrung, im Zusammenwirken von Leit- und Gegeninformation. Die Theoriebildung ist heutzutage mindestens 90% Sache des ausgebildeten Berufswissenschaftlers, allenfalls noch bis zu 10% Beitrag des begabten Dilettanten. (Dieser darf nicht mit dem Außenseiter verwechselt werden, welcher

---

[77] HÖMBERG, Der Journalist, a.a.O., S. 196.

die „im Fach" vorherrschenden Meinungen radikal verwirft, dies aber aufgrund seines – abweichenden – Sachverstandes tut und folglich typischerweise kein Dilettant ist. *Hackethal* ist Außenseiter, *Erich von Däniken* dagegen bestenfalls Dilettant). Soweit das besondere Wissen aus experimentellen Daten oder systematisch erhobenen empirischen Befunden besteht, erarbeitet es die Wissenschaft in eigener Regie, mit Bordmitteln sozusagen.

Dazu müßte sich ein eventueller Beitrag des Wissenschaftsjournalismus auf das Vermitteln des fertigen – oder genauer gesagt, soweit die folgende Argumentation zutrifft: des wissenschaftlich abgeschlossenen, insgesamt gesehen aber unvollständigen – Problemlösungswissens beschränken. Eine darüber hinausgehende echte Beteiligung am Problemlösungsprozeß wäre weder möglich noch nötig. Bis zu diesem Punkt ist der Wissenschaftler als alleinkompetenter Experte konkurrenzloser Herr des Verfahrens, über das der Journalist nur berichten kann.

Spätestens im praktischen Anwendungsstadium, aber oft schon für das Kontrollstadium, ist zum Problemlösen auch besonderes Wissen einer anderen Unterart erforderlich, nämlich Informationen über lokale Verhältnisse, konkrete Randbedingungen, zufällige Umstände „vor Ort" der außerwissenschaftlichen Gelegenheiten zur Überprüfung oder Verwirklichung der theoretischen Problemlösungen.

Dieses ganz besondere, nämlich raum-, zeit-, zweck- und zuweilen noch personengebundene, insgesamt aber zerstückelte und verstreute *Fallwissen* aufzudecken und vor allem für die erste und vierte Phase des Problemlösungswissens nutzbar zu machen, ist weniger Sache wissenschaftlicher Methodik und systematischer Routinearbeit als außergewöhnlicher, flexibler, mobiler *Findigkeit des Untersuchers*. Anders als die wissenschaftskonzentrierte Leitinformation ist die Gegeninformation *inhaltlich fragmentarisiert* (in unzählige Bruchstücke aufgespalten), *sozial dezentralisiert* (auf viele Informationsträger verteilt) und *qualitativ unspezifiziert* (von unterschiedlicher, ungeklärter Güte). Sie in vereinter, konzentrierter, gefilterter Form in den Problemlösungsprozeß einzuspeisen, ist eine wichtige Aufgabe, deren Erfüllung bislang weitgehend dem Zufall überlassen ist. In dieser Lücke liegt meines Erachtens die *Chance für einen neuartigen Wissenschaftsjournalismus mit eigenständigem Erkenntnisauftrag*, dessen Erfüllung zur Durchführung des Phasenkonzepts wesentlich beitragen kann.

Mit diesem *Sonderauftrag* hätte der Journalismus in funktionaler Arbeitsteilung und symbiotischer Lebensgemeinschaft mit der Wissenschaft deren „alltägliches" Allgemein- und Erfahrungswissen durch „außeralltägliches" Gelegenheitswissen zu ergänzen und gegebenenfalls zu korrigieren. Dafür ist nach überkommener Auffassung der Vermittlungstheorie der Journalist als Informationsbeschaffer vor Ort nicht nur besonders geeignet, sondern wäre nach dem neuen Verständnis der *Findigkeitstheorie* damit ausdrücklich beauftragt und könnte sich hierzu eine selbständige Kompetenz erwerben.

Ist mit dem Argument des eigenständigen Informationsauftrags die Entscheidung zwischen Vermittlungs- und Findigkeitsfunktion immer noch nicht gefallen, mag eine praktische Überlegung den Ausschlag zugunsten der letzteren geben: Dem Wissenschaftsjournalisten sollte vernünftigerweise keine Berufsaufgabe auferlegt werden, welche der Wissenschafter kraft seiner Ausbildung besser erledigen kann. Wer, wenn nicht der zum Forscher *und* Lehrer ausgebildete Wissenschaftler mit einschlägigen Berufserfahrungen, wäre wohl besser geeignet, sein eigenes Wissen in möglichst *unverdünnter Vereinfachung* einem erweiterten Publikumskreis zu vermitteln? Dazu fehlt dem Wissenschaftler von den theoretischen Ausbildungsvoraussetzungen her nichts, von den praktischen Ausübungsbedingungen her allenfalls die innere Bereitschaft zur Vermittlungsarbeit – ein subjektiver Widerstand, welcher in Zeiten unfreiwilligen Privatgelehrtentums (Wissenschaft als *Beruf ohne Job*) nicht sehr hoch sein kann. Im übrigen ist die ausgedehnte Vortragstätigkeit von Wissenschaftlern außerhalb ihres Faches und/oder Milieus, wie etwa vor größerem Publikum in der Industrie, in der Sache nichts anderes. Der Unterschied liegt nur in der vorübergehenden oder dauernden Beschäftigung mit der Wissensvermittlung. Viele Wissenschaftsrentner mit dem Reputationsprivileg des *Matthäus-Prinzips*[78] für Meisterdenker sind voll im Geschäft der Popularisierung wissenschaftlicher Erkenntnisse tätig – vorzugsweise ihrer eigenen Lehre, mit assistierender Vermittlungsvermittlung durch Schüler und Kollegen und zuweilen auch verirrte Journalisten, welche allesamt den wichtigsten Maßstab für gute Vermittlungsarbeit außer Kraft setzen: Einem Lehrer in wissenschaftlichen Angelegenheiten zu folgen, ohne ihn zu kritisieren, heißt ihn zu mißbrauchen[79]. Da-

---

[78] Siehe Anm. 43.

[79] Belegmaterial für diese These liefern, unter Mittäterschaft gleich zweier *Matthäus*-Pfründner, die meisten Beiträger zu KARL R. POPPER und KONRAD LORENZ, Die Zukunft ist offen – Das Altersberger Gespräch, München und Zürich 1985.

Dazu waren die Teilnehmer des *Wiener Popper Symposiums*, wie

für ist Wissenschaftsjournalismus zu schade, zumal er gegen den akkumulierten Wettbewerbsvorteil der wissenschaftspublizistischen Zinseszinsformel von etablierter Kompetenz und selbstgängerischer Reputation nicht bestehen kann. Der Journalist hat eine eigene Aufgabe, die sich weder in der Vermittlung von Wissenschaft noch in der Vertretung des Wissenschaftlers als Popularisator seiner selbst erschöpft.

Die Aufgabenstellung der Findigkeitstheorie verkehrt den Kompetenzvorteil ins Gegenteil. Sie macht den „unternehmerischen" Wissenschaftsjournalisten dem beamteten, festangestellten oder freiberuflichen Fachwissenschaftler überlegen. Das ist nun noch etwas genauer zu erläutern.

---

man hört, unter diesem Gesichtspunkt handverlesen. Somit befindet sich kein *kritischer* Kritischer Rationalist darunter. (Der Verfasser dieser Zeilen ist mit Recht wieder ausgeladen worden, als der Fehlgriff bemerkt wurde.)

So können sich auf diesem „Festival der Phantasie" (S. 73) die Rentiers der akademischen Beamtenwissenschaft ungestört über das „Abenteuer" (S. 23) des Lebens im allgemeinen sowie des Forscherlebens im besonderen verbreiten und unberührt vom gewöhnlichen Leben *live* die wirklich abenteuerliche These in den Raum stellen, daß Ideen das „wertvollste Besitztum" (S. 72) seien, an dem es uns heute hauptsächlich fehle. (Zwischenruf von THOMAS UTECHT, Nachwuchswissenschaftler an der Universität Heidelberg, bei einer ähnlichen Diskussion 1984: „Nein, Stellen!").

Resümee: „Wir haben erstens zu wenig Ideen, und zweitens kommt bei ihrer Diskussion gewöhnlich zu wenig heraus" (POPPER, S. 73) – So ist es, aber *kann* denn auf einem solchen Festival mehr herauskommen als das nicht abgewehrte Lob?

2. Der Journalist als unternehmerisches Element im Problemlösungsprozeß und findiger Agent der Gelegenheitsvernunft

Die *Findigkeitstheorie* des Journalismus im allgemeinen und des Wissenschaftsjournalisten im besonderen ist eine Hypothese, welche von zwei Annahmen über die soziale Informationslage und individuelle Informationsleistung ausgeht. Beide sind bislang nur in der Wirtschaftstheorie des Wettbewerbs, nicht aber in der Wissenschafts- und Journalismustheorie berücksichtig worden:

– Wenn erstens das Informationsproblem des Problemlösungsprozesses hinsichtlich des benötigten besonderen Wissens darin besteht, „daß die Kenntnis der Umstände, von der wir Gebrauch machen müssen, niemals zusammengefaßt oder als Ganzes existiert, sondern immer nur als zerstreute Stücke unvollkommener und häufig widersprechender Kenntnisse, welche all die verschiedenen Individuen gesondert besitzen"[80];

– wenn zweitens das „unternehmerische Element" im aktiven, kreativen, problemlösenden menschlichen Handeln „ausschließlich in seiner Findigkeit bezüglich bisher unbekannter Gelegenheiten besteht"[81], einschließlich bislang unerkannter Gegebenheiten vor Ort, neuer Anwendungs- und Überprüfungsmöglichkeiten, wichtiger Umstände und anderer Besonderheiten, etc.;

---

[80] F. A. HAYEK, Individualismus und wirtschaftliche Ordnung, Erlenbach-Zürich 1952, S. 103/4.

[81] ISRAEL M. KIRZNER, Wettbewerb und Unternehmertum, Tübingen 1978, S. 28 und 32; vgl. ferner dessen komprimierte Erläuterung des unternehmerischen Elements: The Primacy of Entrepre-

– dann verkörpert der Journalist im Rahmen seiner bereits erläuterten neuen Aufgabenstellung das *unternehmerische Informationselement*, der durch seine Findigkeit beim Aufspüren besonderen Wissens für den Problemlösungsprozeß grundsätzlich dasselbe leistet, was im Wirtschaftsprozeß die Aufgabe des „findigen Unternehmers" (im Gegensatz zum nichtunternehmerischen Rollenverständnis des „berechnenden Ökonomisierers", d. h. reinen Kalkulierers) ist.

Das Konzept des findigen Unternehmertums ist in beiden Fällen rein *funktionell* zu verstehen, als eine bestimmte Leistungsfunktion unabhängig von der Mittelfrage (den „Ressourcen"). Das unternehmerische Element der Wirtschaft darf also nicht mit der Unternehmerstellung als Arbeitgeber oder Produktionsmittelbesitzer verwechselt werden. Dasselbe gilt für die Stellung des freien oder angestellten Journalisten.

Wird gemäß der Findigkeitstheorie im Journalismus eine Art von *Unternehmertum in Wissenssachen* gesehen – rein funktionell im Sinne einer bestimmten Aufgabenstellung und Vorgehensweise, nicht als Rechtsstellung oder Wirtschaftsweise –, dann ist unternehmerischer (Wissenschafts-)Journalist derjenige, welcher *die News vor Ort jagt*, um sie in den gesellschaftlichen Problemlösungsprozeß als Kontrollinformation einzubringen. Unternehmerischer Journalismus sucht, sammelt, veröffentlicht besonderes Fallwissen, an das der Wissenschaftler in seiner Lage (im Labor oder Hörsaal beispielsweise) und mit seinen Methoden (die nicht besonders „findig" sind) nicht herankommt oder an die er sich nicht herantraut (aus

---

neurial Discovery, in: The Prime Mover of Progress, hrsg. vom Institute of Economic Affairs, London 1980, S. 3 ff.

Angst um seine Karriere oder seine Reputation). Denn mehr noch als der Journalist ist der etablierte Wissenschaftler unbeschadet aller geistigen Originalität sozial angepaßt: ist jener „angepaßter Außenseiter"[82], dann dieser angepaßter Insider.

Bevorzugte Ermittlungsmethode des unternehmerischen Journalismus ist das *Recherchieren an Ort und Stelle* im Rahmen teilnehmender Beobachtung des Geschehens, mit Hilfe persönlicher Befragung der Beteiligten und Betroffenen, im sensationellen Stil rasch veraltender Neuigkeiten oder im sachlichen Stil nüchterner Bestandsaufnahmen der örtlichen, zeitlichen, persönlichen Verhältnisse des anstehenden Falles. Darauf zugeschnittene typische Veröffentlichungsformen mit informierender – im skizzierten Problemlösungsprozeß vor allem: *gegeninformierender* – Funktion[83] sind *Report* und *Dokumentation*.

Da es mir nicht um die Abgrenzung eines literaturwissenschaftlichen *Genres* (wie etwa der „literarischen Reportage" des „reflektierten" Typs[84] im Gegensatz zur gewöhnlichen Zeitungsreportage ohne intellektuelle Be-

---

[82] Vgl. HANS MATHIAS KEPPLINGER, Hrsg., Angepaßte Außenseiter – Was Journalisten denken und wie sie arbeiten, Freiburg und München 1979; darin insbesondere: URSULA HOFFMANN-LANGE und KLAUS SCHÖNBACH, Geschlossene Gesellschaft, S. 49 ff.

[83] Zum Stichwort „Dokumentarliteratur" vgl. die Übersichten: RAOUL HÜBNER, Dokumentarliteratur, in: ERIKA DINGELDEY und JOCHEN VOGT, Hrsg., Kritische Stichwörter zum Deutschunterricht, München 1974, S. 69 ff.; KLAUS LEO BERGHAHN, Dokumentarische Literatur, in: Neues Handbuch der Literaturwissenschaft, hrsg. von KLAUS VON SEE, Bd. 22: Literatur nach 1945 II – Themen und Genres, hrsg. von Jost Hermand, Wiesbaden 1979, S. 195 ff.

[84] Vgl. die sehr instruktive Darstellung und kritische Diskussion dieses „operativen" Genres bei MICHAEL GEISLER, Die literarische Reportage in Deutschland, Königstein/Taunus 1982.

arbeitung des „authentischen" Materials) geht, sondern um die Bestimmung einer *informativen Funktion* im Hinblick auf die Verteilung und Verwendung besonderen Wissens, sind alle einschlägigen Formen undichterischer („nichtfiktionaler"), atheoretischer, üblicherweise „kleiner" Prosa für den Findigkeitsjournalismus geeignet, sofern sie nur „exakte und sofort verwendbare Information"[85] befördern können.

Grundsätzlich sind das Nachrichten, Protokolle, Interviews, Ermittlungsberichte. Hauptsächlich ausgebildet sind die mittlerweile etablierten Formen der Sozial-, Gerichts-, Reise-, Sport-, Stadt-, Industrie-, Politreportage, u. dgl. *Wissenschaftsreportagen* in diesem spezifischen, *nicht* auf populäre Wissensvermittlung angelegten Sinn gibt es dagegen noch kaum, weder als besondere Erkenntnisform (mangels Wissenschaftsreportern, die an Ort und Stelle ermitteln statt Konferenzen besuchen und Rezensionen schreiben lassen) noch als Publikationsforum (mangels Wissenschaftszeitungen[86]), schon gar nicht als Problemlösungsfunktion (mangels findiger Informationsunternehmer unter den Wissenschaftlern wie den Journalisten).

---

[85] ... aber nicht „über die menschliche Natur und heroische Darstellung des menschlichen Lebens, alles von typischen Gesichtspunkten aus..." – wie BERTOLD BRECHT (Gesammelte Werke, Bd. 18, S. 51) fortfährt –, sondern über die Besonderheiten des anstehenden Falles.

[86] Nicht einmal jene wissenschaftlichen Publikationsorgane, die sich irreführenderweise so nennen (wie etwa die *„Deutsche Universitäts-Zeitung"*, 1985 bereits im 41. Jahrgang), sind echte „Zeitungen", sondern periodisch statt täglich erscheinende Zeitschriften konventionellen Stils und Inhalts. Dasselbe gilt auch für die *„Information Philosophie"* (1985 im 13. Jahrgang), die selbstverständlich keine Reporter beschäftigt, sondern Herausgeber und Redakteure.

Dazu bedarf es nicht unbedingt eines „rasenden Reporters" nach Art des legendären *Egon Erwin Kisch*[87] oder „unerwünschter Reportagen" in der Maskerade von *Günter Wallraff*[88], obgleich größte Schnelligkeit der Ermittlungen vonnöten und vorläufige Verheimlichung des Rechercheurs unvermeidlich sein können, weil sonst der Markt verlaufen oder die Informationsquelle verschlossen sein mögen. Erforderlich ist jedoch in jedem Fall eine *neue Art informierender Reportagen* in problemlösender Absicht sowie ein neuer *Typ des operierenden Wissenschaftsreporters* anstelle des zitierenden Wissenschaftsschriftstellers und des theoretisierenden oder experimentierenden Wissenschaftlers.

Mit diesem „findigen" Wissenschaftsjournalismus Kunst machen zu wollen, wäre in der Tat „das Allerletzte"[89], aber Wissenschaft vermitteln zu wollen, nicht weniger. Der Vorwurf des bloßen „Dokumentarismus" ohne „theoretisches Konzept"[90] oder der „Reklame und Naturgeschichtsschreibung des Bestehenden"[91] ist hier

---

[87] Zur kritischen Würdigung des „rasenden Reporters" vgl. GEISLER, a.a.O., S. 249 ff. (s. Anm. 84); zum Hintergrund der *Neuen Sachlichkeit* vgl. HELMUTH LETHEN, Neue Sachlichkeit 1924–1932, Stuttgart 1970.

[88] Zu WALLRAFF vgl. GEISLER, a.a.O., S. 305 ff.

[89] „Von vornherein Kunst machen zu wollen – das wäre das Allerletzte", antwortete GÜNTER WALLRAFF auf die Frage nach seinem Kunst-Anspruch, gestellt von FRANZ JOSEF GÖRTZ, Kunst – das wäre das Allerletzte: Ein Gespräch mit Günter Wallraff, in: HEINZ LUDWIG ARNOLD und STEPHAN REINHARDT, Hrsg., Dokumentarliteratur, München 1973, S. 181.

[90] Vgl. G. KATRIN PALLOWSKI, Die dokumentarische Mode, in: H. A. Glaser, Hrsg., Literaturwissenschaft und Sozialwissenschaften, Bd. 1, Stuttgart 1971, S. 235 ff.

[91] ERHARD SCHÜTZ, Kritik der literarischen Reportage, München 1977, S. 16 ff.

ebenso abwegig wie der gegenläufige Versuch, aus Mißverständnis des Verhältnisses von Journalismus und Wissenschaft die Reportage durch den Einbau von Theorie sozusagen komplettieren zu wollen[92].

Untersuchungsbereich der Recherche und Darstellungsgegenstand der Reportage sind *kleine Ausschnitte, besondere Aspekte, aktuelle Einzelfälle* der Wirklichkeit, über die journalistisch statt wissenschaftlich, dokumentarisch statt theoretisch ermittelt und berichtet wird: also *mobil* an Ort und Stelle; möglichst *authentisch* im Informationsmaterial aus „erster" oder zumindest „zweiter" Hand der Beteiligten und Bezeugenden; völlig *konzentriert* auf den anstehenden „Fall"; ganz auf *schnelle Veröffentlichung* und *sofortige Wirkung*[93] ausgerichtet, weil die *News* ihrer vergänglichen Natur nach Eintagsinformationen sind, die sofort und stark oder gar nicht und nie wieder wirken. Da nichts schneller veraltet als die Zeitungsnachrichten von gestern, hat es für den Journalismus – im Gegensatz zur Wissenschaft – wenig Sinn, Informationen mit Zeitzündern zu versehen und auf spätere Zitierungen zu hoffen. Die Nachrichten und Neuigkeiten des Wissenschaftsjournalismus haben kein Zitationsleben, das den Autoren Nachruhm im Fach verleiht. Richtig betrieben und verstanden, muß er deshalb zwangsläufig

---

[92] Wie es zugunsten von WALLRAFF versucht wird von MARTIN H. LUDWIG, Zum Verhältnis von Industriereportage und ‚Theorie', Der Deutschunterricht, Bd. 29, 1977, S. 86 ff.
[93] Vgl. GEISLER, a.a.O., S. 16. – Zu der damit verbundenen *Montagetechnik* vgl. REINHARD DITHMAR, Die Technik des Reporters, in: HARALD HARTUNG, WALTER HEISTERMANN und PETER M. STEPHAN, Hrsg., Fruchtblätter – Freundesgabe für Alfred Kelletat, Berlin 1977, S. 225 ff.

ein „Genre ohne Autoren"[94] sein, die nicht fachlich „reputiert" werden können, selbst wenn sie wissenschaftlich das Zeug dazu hätten.

Es geht nicht darum, diese besondere Informationsart über räumlich, zeitlich, sachlich eingeschränkte Wirklichkeitsstücke oder Problemlagen irgendwie „komplett", „kritisch", „neutral" (bzw. parteilich „engagiert") zu machen, denn das alles kann *kein* Wissen für sich allein sein, sondern nur im Verhältnis zu anderen Erkenntnissen, mit denen es in Verbindung gebracht wird. Das wäre für den Wissenschaftsjournalismus das theoretische Leitwissen der Wissenschaft, zu der er gelegentliche („okkasionelle", wie noch zu erläutern sein wird) Gegeninformation liefert. Eine genaue, zutreffende, sofort verwendbare Beschreibung des Bestehenden kann das ohne weiteres sein, weil sie nicht ihrer Natur nach oder ihres Inhalts wegen „Reklame" ist, sondern allenfalls aufgrund ihrer Stellung im gesamten Informationssystem. Darüber aber hat weder der Journalist noch der Wissenschaftler allein zu befinden.

Wenn es für den herkömmlichen „rasenden" Sensationsreporter darauf ankommt, Nachrichten „interessant" zu machen, geht es dem „operativen" Wissenschaftsreporter darum, seine besondere Informationsaufgabe *funktional* im Hinblick auf das arbeitsteilige wissenschaftlich-journalistische Problemlösungskonzept zu verstehen. Die Unverbindlichkeit des ästhetisch Interessanten – im Klartext: des vielzitierten Jahrmarkts der Sensa-

---

[94] „Ein Genre ohne Autoren?", fragt ERHARD H. SCHÜTZ, Reportage und Veränderung, in: ders. als Hrsg., Reporter und Reportagen, Giessen 1974, S. 10; dazu auch GEISLER, a.a.O., S. 318 ff.

tionen – weicht der Problembedeutung des informativ Relevanten, weil sachlich gesehen nichts sensationeller ist als die vielen kleinen Wahrheiten des konkreten Einzelfalls[95], findig ermittelt und funktional verwendet im Gegenzug zur großen Wahrheit (oder Falschheit) der abstrakten wissenschaftlichen Theorie.

Wissenschaftsjournalismus dieses eigenständigen und doch funktional eingebundenen Typs muß *unternehmerisch* im Sinne des Findigkeitsgedankens sein, um in problemlösender Absicht operieren und dokumentieren zu können. Das ist eine *Informationsaufgabe eigener Art*, gleichermaßen unabhängig von den intellektuell hochstilisierten Überforderungen des literarischen Avantgardismus und Partisanentums (nichtmilitärischer Kampfform mit den sogenannten geistigen Waffen[96]), wie von den journalistischen Unterforderungen des gemächlichen Konferenz- und Rezensionsbetriebs. Der findige Wissenschaftsjournalist ist weder Kumpan noch Konkurrent des Wissenschaftlers, sondern dessen funktionelles Komple-

---

[95] Das war wohl KISCHS *Leitmotiv* und das *Programm der Neuen Sachlichkeit* in der nachexpressionistischen Epoche der Zwanzigerjahre (vgl. dazu LETHEN, a.a.O.). – Was fehlte, war die Einbindung in ein umfassendes Informationskonzept oder Funktionsmodell des gesellschaftlichen Problemlösungsprozesses.

[96] Vgl. EGON ERWIN KISCH, Reportage als Kunstform und Kampfform, in: SCHÜTZ, a.a.O. (s. Anm. 94), S. 45 ff.

In dieser unglücklichen Frontstellung eingekeilt, ist das Genre bis heute umstritten – dazu folgende Diskussionsbeiträge: DIETER E. ZIMMER, Die sogenannte Dokumentar-Literatur, DIE ZEIT, Nr. 48 vom 28 11. 1969; JOST HERMAND, Wirklichkeit als Kunst – Pop, Dokumentation und Reportage, in: Basis – Jahrbuch für Deutsche Gegenwartsliteratur, hrsg. von REINHOLD GRIMM und JOST HERMAND, Bd. II, Frankfurt/Main 1971, S. 33 ff.; außerdem die bereits genannten einschlägigen Arbeiten.

ment, das die Informationslage um Beiträge ergänzt, welche die Wissenschaft nicht erbringen und die Wissensgesellschaft nicht entbehren kann.

Was heißt *Findigkeit*, nicht nur als „unternehmerisches Element" *(Kirzner)* im menschlichen Denken und Handeln, sondern darüber hinaus als *rationale Komponente einer besonderen Vernunftform?* Worin liegt die spezifische Vernünftigkeit unternehmerischer Findigkeit im wirtschaftlichen, wissenschaftlichen, journalistischen Bereich?

Findig ist *wirtschaftliches Unternehmertum*[97] beispielsweise hinsichtlich lokaler, regionaler, internationaler Preisdifferenzen, deren Aufspüren Gewinngelegenheiten eröffnet und deren Ausnutzung dieses besondere Wissen in den Marktprozeß einspeist, um so letztlich zur Lösung des ökonomischen Koordinationsproblems (Abstimmung der individuellen Wirtschaftspläne aller Beteiligten) beizutragen. Was in der Wirtschaft Gewinngelegenheiten, sind in der Gesellschaft schlechthin *Informationsgelegenheiten*, auf die sich die Findigkeit des journalistischen Unternehmertums richtet. Für den Medizinjournalisten wäre das orts-, zeit-, zweck-, persongebundenes Sachwissen von Beteiligten und Betroffenen (Ärzten, Patienten, Forschern, u. a.), welches anders nicht in die Medizinwissenschaft und/oder die Öffentlichkeit gelangt und sonst verloren ginge.

Unternehmerischer Journalismus wird vor allem dann gebraucht, wenn es darum geht, verstreute oder versteckte Wissensstücke *schnell* aufzuspüren und *aktuell* dort einzu-

---

[97] Im Sinne des oben skizzierten HAYEK-KIRZNERschen Konzepts, das noch mit der SCHUMPETERschen Unternehmerfigur zu verbinden wäre.

bringen, wo sie zur Einleitung oder Fortführung von Problemlösungsprozessen beitragen können. Im Phasenmodell sind das die Stufen 1 und 4, weniger 3, kaum 2. Diese Einbindung in ein positives Konzept der rationalen Stellung und Lösung von Problemen unterscheidet den findigen „Forschungsjournalismus" vom investigativen „Fahndungsjournalismus", der sich vielleicht auch als unternehmerische, aber kaum als problemlösende Wissensarbeit auffassen läßt. Dazu fehlt das Zusammenwirken von Leit- und Gegeninformation im Sinne des *Prinzips Kritik*.

Während der Wissenschaftler den – methodischen und/ oder ethischen – allgemeinen Grundsätzen der Wissenschaftlichkeit folgt und so zum weltweit denkenden Agenten der neuerdings von *Feyerabend*[98] scharf attackierten, von anderen sanft verabschiedeten[99] *Grundsatzvernunft* wird, orientiert sich der Journalist an den besonderen Gelegenheiten und Gegebenheiten der jeweiligen Problemlage in einem gerade aktuellen (oder vielleicht auch bloß „interessanten") Ausschnitt der Welt. Als *Agent der Gelegenheitsvernunft*[100] untersucht er die Verhältnisse am Ort des Geschehens, befragt im Streitfall die Parteien und Dritte, recherchiert Einzelheiten und Hintergründe.

---

[98] Vgl. Feyerabend, a.a.O. (s. Anm. 12 und 35).
[99] Vgl. Odo Marquard, Abschied vom Prinzipiellen, in seiner gleichnamigen Aufsatzsammlung, Stuttgart 1981, S. 4 ff.
[100] Zur Gegenüberstellung von Grundsatzvernunft und Gelegenheitsvernunft vgl. Spinner, Die Doppelvernunft, Loccum Protokolle 1985. – Das ist die Preprint-Fassung eines ersten Forschungsberichts über das von mir bearbeitete DFG-Projekt „Prinzipieller und Okkasioneller Rationalismus im Vergleich".

Seine professionelle Findigkeit im Aufspüren und Auswerten von verstreutem Fallwissen läßt sich nicht – im Gegensatz zur systematischen Analyse des Wissenschaftlers – von festen Grundsätzen („Prinzipien") und allgemeinen Regeln („Methoden") hin zu wissenschaftlichen Hypothesen („Gesetzen") leiten, sondern folgt stattdessen dem akuten Anlaß des jeweiligen Einzelfalls und seinen mehr oder weniger zufälligen Gegebenheiten. Diese „Zufälligkeiten" der journalistischen Arbeit sind wörtlich zu verstehen: *wie zugefallen* oder zugetragen, so gesucht, gefunden, genommen und verarbeitet! Das hat nichts mit Wahrscheinlichkeit zu tun, sondern mit Gelegentlichkeit und Findigkeit. Recherchiert wird bei jeder sich bietenden Gelegenheit („Okkasion") ganz nach Zweckmäßigkeit („Opportunität", die nicht mit Opportunismus zu verwechseln ist).

So kann der findige Journalist unter günstigen Umständen – Gelegenheit, Geschick und Glück muß er halt haben! – all das an außerwissenschaftlicher Information in den gesellschaftlichen Problemlösungsprozeß als seinen eigenen Beitrag einbringen, was dem systematischen Zugriff des „nichtunternehmerischen" Wissenschaftlers verschlossen oder verboten ist, dem wissenschaftlichen Blick unwissenschaftlich oder unwichtig erscheint: lokale Problemlagen, persönliche Eindrücke, bestimmte Interessenlagen (von denen die „reine" Wissenschaft gern „abstrahiert"), Einzelheiten ohne greifbaren „systematischen Stellenwert", aus dem Rahmen des wissenschaftlich anerkannten Sinn- und Sachzusammenhangs fallende Ausnahmen (oder Außenseitermeinungen), u. dgl.

Obgleich vom wissenschaftlichen Ethos mit seiner Forderung allgemeiner und zweckfreier Wahrheitssuche aus dem offiziellen Orientierungsrahmen ausgeschlossen (aber damit natürlich keineswegs ausgerottet), bildet die Orientierung an *Okkasion & Opportunität* – die Ausrichtung auf Gelegenheiten und Ausnützung der sachlichen, örtlichen, zeitlichen, menschlichen Besonderheiten[101] – eine selbständige Rationalitätsform. Mit der Funktionsbestimmung unternehmerischer Findigkeit in Wissensfragen kann diese *Gelegenheitsvernunft* dem Journalismus

---

[101] Mit seiner Charakterisierung von strategischer *List* – im Gegensatz zu bloßen taktischen Tricks – als „ausnützung der eigenen besonderheit (schwäche oder überlegenheit) und der besonderheit des andern", außerdem natürlich der zeitlichen, räumlichen, örtlichen, situativen, organisatorischen Besonderheiten in den konkreten Umständen der *Lage* liefert BRECHT (Bemerkungen zu „Die Horatier und die Kuratier", abgedruckt in: REINER STEINWEG, Hrsg., Brechts Modell der Lehrstücke, Frankfurt am Main 1976, S. 142) das *positive Stichwort* für die *Okkasionelle Rationalität* der „listigen", „findigen" Gelegenheitsvernunft.

Das *negative Stichwort* für das okkasionelle Bewußtsein der Moderne stammt von CARL SCHMITT, der damit der *Prinzipiellen Rationalität* des okzidentalen Rationalismus – im Sinne MAX WEBERS – die treffendste Absage erteilt: „Wir erleben heute den Bankerott der idées générales" (Nationalsozialistisches Rechtsdenken, Deutsches Recht, Bd. 4, 1934, S. 225).

Da SCHMITT diese These in seine mit Recht für indiskutabel gehaltene NS-Apologie eingefügt hat, ist sie sowohl von den peinlich berührten SCHMITT-Nachfolgern als auch von den empörten SCHMITT-Kritikern zu Unrecht ignoriert worden, obwohl sie davon ablösbar ist und eine selbständige Würdigung als *der* Schlüsselsatz zum Verständnis der Moderne verdient. Die Person stellvertretend für das Werk genommen, erweist sich CARL SCHMITT als Gegendenker zu MAX WEBER. In beiden verkörpern sich die zwei Seiten der Doppelvernunft von Prinzipieller „abendländischer" und Okkasioneller „modernistischer" Rationalität. Eine vergleichende Analyse von WEBER und SCHMITT, verbunden mit einer Neubewertung des letzteren aus rationalitätstheoretischer Sicht, findet sich ausführlich in SPINNER, Die Doppelvernunft (s. Anm. 100).

eine ebenso eigenständige Arbeitsgrundlage geben, wie die *Grundsatzvernunft* der Wissenschaft mit dem Auftrag systematischer Forschung. Das eine zwar ungleichgewichtige, aber unentbehrliche Symbiose zweier Problemlösertypen.

3. Die soziale Funktion journalistischer Findigkeit: Herstellung einer „kritischen Masse" von Problemlösungswissen

Man kann den nun bis zur Vernunftfrage geführten Gedankengang noch etwas weiterführen, indem man das bereits erwähnte Problem der *sozialen Verteilung des Wissens* in die Überlegungen stärker einbezieht. Wenn zum wissenschaftlichen Problemlösen allgemeines und besonderes Wissen erforderlich ist, muß beides irgendwo zusammenkommen, um die beabsichtigte Wirkung zu erzielen.

Das Phasenkonzept verlangt *integriertes* Wissen, zusammengeführt an den Schaltstellen des Problemlösungsprozesses, wo *per Information & Dezision & Implementation* (auf journalistisch: durch Wissen, Entscheiden und Machen) die Weichen gestellt werden oder Gegeninformation den Kurs korrigieren kann, sofern sie *hier* rechtzeitig eingebracht und tatsächlich anerkannt wird.

Dieses selbstverständliche Erfordernis bereitet kaum Schwierigkeiten, wenn Leit- und Kontrollinformation am gleichen Ort zur selben Zeit von denselben Leuten gemacht werden, oder wenigstens in räumlicher und zeitlicher und personeller Nachbarschaft, wie etwa innerhalb eines Faches oder Betriebes. Beide Wissensarten in kritischen Kontakt zu bringen, ist beim Problemlösen innerhalb der Wissenschaft normalerweise unschwer möglich. Obwohl es natürlich auch hier vorkommen kann, daß ein Wissenschaftler unwissentlich eine Theorie weiterverwendet, welche von einem anderen bereits widerlegt oder überholt worden ist.

Anders beim *sozialen Problemlösen* auf freier Wildbahn, außerhalb des gehegten Sondermilieus hohen Informationsniveaus und regen Informationsaustausches, wo sich neue Erkenntnisse nicht gerade mit Lichtgeschwindigkeit, aber immerhin mit Druckgeschwindigkeit ausbreiten können. Im Gegensatz zur Wissenschaft ist in der Gesellschaft das Wissen nicht nur *ungleichmäßig* auf Individuen, Gruppen, Schichten, Betriebe, Behörden u. a., sondern auch *ungleichartig* verteilt. Die eine Stelle weiß nicht nur meist mehr als die andere, sondern oft etwas anderes! Das allgemeine Theorienwissen befindet sich größtenteils nicht in derselben Hand wie das besondere Prüf- und Fallwissen. Ersteres ist fast gänzlich in der Wissenschaft konzentriert und wird auf Abruf stückweise per Beratung und Gutachten (aber kaum per Wissenschaftsjournalismus, was wiederum gegen die Vermittlungstheorie spricht!) an die Politik abgegeben. Letzteres ist aber, soweit es sich nicht um Labordaten handelt, über die ganze Gesellschaft verstreut.

Nun findet sich dieselbe Informationslage auch in der Wirtschaft, wo das ökonomische Wissen über Präferenzen, Preise, Produkte auf Millionen individueller Informationsträger aufgeteilt, auf der Anbieterseite fragmentiert und auf der Nachfragerseite geradezu atomisiert ist. Aber da besteht doch ein großer Unterschied, der die Problemlage völlig ändert. Hier gibt es nämlich *Märkte* und *Wettbewerb* (zwar nicht nur im wirtschaftlichen Bereich, aber anderswo nicht so verbreitet und leistungsfähig).

Märkte mit freier Preisbildung vollbringen die ungeheure Informationsleistung, das inhaltlich fragmentarisierte, sozial dezentralisierte Einzelwissen der Anbieter und Nachfrager (ihre „individuellen Präferenzen", d. h. Verkaufs- und Kaufwünsche auf der Basis von Kaufkraft) aufzulesen und aus unzähligen Informationsfetzen einen geballten Wissensmaßstab (den „Preis") zu bilden, an dem jeder Produzent und Konsument sein Verhalten rational ausrichten kann. So löst der Markt das Problem der wechselseitigen Anpassung („Koordination") der Einzelhandlungen aller am Wirtschaftsprozeß Beteiligten, wobei deren Einzelinformationen das Prüfwissen für das beständig korrigierte Leitwissen des Preises darstellt. Dafür ist der Wettbewerb ein Entdeckungsverfahren[102].

Für das Problemlösungswissen im allgemeinen, außerhalb des Wirtschaftsbereichs (und teils sogar darin, innerhalb der Betriebe), gibt es keinen solchen Markt, der das sozial verstreute Kontrollwissen vereinigt und verdichtet. Da es auch keine Zentralstelle (Behörde) gibt, die es sammeln und verwalten könnte, hilft hier weder „Kapitalismus" noch „Kommunismus" weiter.

Die Schwierigkeiten der gegebenen sozialen Verteilung des Wissens in der Gesellschaft lassen sich mit einem makabren Vergleich verdeutlichen. Ähnlich wie bei einer Atombombe, müßten im hochinformierten, vollrationa-

---

[102] Vgl. den gleichnamigen Aufsatz in F. A. VON HAYEK, Freiburger Studien, Tübingen 1969, S. 249 ff.

lisierten Problemlösungsprozeß[103] zwei sozial getrennte Informationsarten unterkritischer Menge zu einer „kritischen Masse" vereinigt werden, um im Sinne des *Prinzips Kritik* (siehe oben *Abb. 2*, S. 70/71) reaktionsfähig zu werden. Einen funktionierenden Markt gibt es dafür nicht, weil der Prüfprozeß von Leit- und Gegeninformation kein Preismechanismus mit effizienter Informationsverarbeitung ist. Nichts garantiert, daß keine relevante Information ignoriert wird. Führungswissen kann an der Führung, Kontrollwissen an der Prüfung, beides schon am Zusammenkommen und erst recht am Zustandebringen des Erfolgs gehindert sein.

Die Wissenschaft kann hier nicht für den fehlenden Markt einspringen, mangels Erkenntnisunternehmern. Der Staat bringt es auch nicht, weder die eine noch die andere Art des Wissens. Was nun, was tun? Entweder gibt es einen anderen Weg, der wenigstens zu einer Notlösung führt, oder Problemlösungsprozesse kommen auf der gesellschaftlichen Ebene überhaupt nicht zustande. Sie könnten allenfalls zufällig in Gang kommen und müßten unbefriedigend ablaufen.

Einen Markt gibt es nicht, die Wissenschaft kann es nicht, der Staat hat es nicht. Aber Journalisten *gibt es*, der unternehmerische Journalismus *kann* es, der findige Wissenschaftsjournalismus *hat grundsätzlich alles*, was dazu an Funktionen und Fähigkeiten einzusetzen wäre: alles selbstverständlich in den Grenzen der vorgegebenen Möglichkeiten des journalistischen Berufs & Betriebs. Immerhin ist das ein Ansatz, vielleicht ein Anfang.

---

[103] Ein *Funktionsmodell des Problemlösungsprozesses* ist skizziert in SPINNER, Art. „Rationalismus..." (s. Anm. 24).

Aber der Journalismus *tut* es (noch) nicht. Weshalb ist der Wissenschaftsjournalismus in dieser Hinsicht kaum besser als der Sportjournalismus und deutlich schlechter als der Wirtschaftsjournalismus, welcher viel informativer ist? (Aber sicherlich nicht kritischer. An der „Naturgeschichtsbeschreibung des Bestehenden" kann es also nicht liegen, wie bereits erläutert.)

Ein Grund dürfte die geringe quantitative Kapazität des derzeitigen Wissenschaftsjournalismus sein, ein zweiter in der Struktur des Pressewesens und ein dritter in den Modalitäten der Medienwirtschaft liegen, welche den reinen Neuigkeitswert und Konsumcharakter der Information zulasten ihres Informations- oder Problemwerts und ihrer Kontrollfunktion betonen. Damit verbunden ist die falsche Aufgabenstellung durch die Vermittlungstheorie, aus der sich die vorherrschende, aber sachlich verfehlte Arbeitsteilung zwischen Journalismus und Wissenschaft ergibt: hier Wissens*ermittler* – dort Wissens*vermittler!* Dadurch wird zugleich eine Rangordnung zwischen wissenschaftlichen Experten, wissenschaftsvermittelnden Journalisten und wissenschaftsinteressiertem Publikum festgelegt. Im Klartext gesprochen, wäre das eine hierarchisch abgestufte Arbeitsteilung zwischen produktiven Spezialisten, distributiven Generalisten und komsumtiven Laien (einschließlich jener Experten, die sich „gegen den Strom" des Wissensgefälles vom Wissenschaftsjournalismus anstelle der Fachliteratur über die neuesten Forschungsergebnisse informieren lassen).

Die Findigkeitstheorie des unternehmerischen Wissenschaftsjournalismus legt stattdessen eine *neue Aufgabenstellung nach Wissensarten und -funktionen* nahe, welche zu einer gleichrangigen Arbeitsteilung im Rahmen des integrierten sozialen Problemlösungsprozesses führt. Auf der einen Seite geht es in der Wissenschaft um die Erarbeitung des allgemeinen Leitwissens durch Theoriebildung und fachinterne Theorieprüfung mit wissenschaftlichen Methoden, Mitteln, Möglichkeiten. Auf der anderen Seite geht es beim Journalismus um die Ermittlung besonderen Kontrollwissens anderer, bereits erläuterter Art (einschließlich wissenschaftlichen Prüfwissens, das aus der inneren Expertokratie der Wissenschaft nicht dorthin gelangt, wo es im Problemlösungsprozess gebraucht wird).

Das gesamte Wissensspektrum ist in seiner ganzen Bandbreite der Öffentlichkeit zu vermitteln, soweit sie an der Entwicklung der Wissensgesellschaft durch *partizipative Kritik*[104] Anteil nehmen möchte. Die damit verbundene Aufgabe der Wissensvermittlung wird ebenso arbeitsteilig wahrgenommen wie die Wissensermittlung, in deckungsgleicher Kompetenz. Die Wissenschaft hat *ihr* Wissen der Öffentlichkeit, Politik, Wirtschaft, Erziehung, Kultur zu vermitteln, der Journalismus *seine* Informationen. Niemand ist dafür zuständiger und besser geeignet als der damit selbständig befaßte Vertreter seines Berufs & Betriebs. Das Expertenwissen der modernen Fachwissenschaften muß für das weitere Verständnis der an seiner Erzeugung nicht Beteiligten, aber von seiner Anwendung Betroffenen vereinfacht und vermittelt werden. Sich der Öffentlichkeit verständlich zu machen, ist ebenso Aufgabe der Wissenschaft wie des Journalismus,

---

[104] Zur Typologie der Kritik und zum Konzept partizipatorischer Kritik vgl. SPINNER, Kritischer Rationalismus heute, Psychologie heute, Bd. 6, 1979, Juli-Heft S. 14–17 und 21 sowie August-Heft S. 41–46, hier speziell S. 44.

in voller Verantwortlichkeit für die eigenen Angelegenheiten.

Vom Vermittlungsproblem der wissenschaftlichen Erkenntnis geht es nun abschließend zur Verantwortungsfrage für die außerwissenschaftlichen Folgen der Forschung.

V. Wissenschaft und Gesellschaft: Die Ethik der Wissenschaft und die neue Verantwortung des Wissenschaftlers

Die herausragende Stellung der Wissenschaft in der modernen Gesellschaft hat eine Sonnen- und eine Schattenseite. Wenn ich sagte, die Wissenschaft sei *in Führung gegangen*, so war das nur die halbe Wahrheit. Mit einer zeitlichen Verzögerung von drei Jahrhunderten oder Jahrzehnten – je nach Terminierung des Verwissenschaftlichungsprozesses: im 17. Jahrhundert mit dem Beginn der neuzeitlichen Naturwissenschaft oder nach dem Zweiten Weltkrieg mit dem Aufstieg der modernen Großforschung – ist die Wissenschaft auch *in Verruf gekommen*. Sie ist, vorsichtig gesagt, in den Verdacht geraten, daß die Folgen der Forschung moralisch nicht mehr vertretbar und politisch nicht kontrollierbar seien. Der anerkannten wissenschaftlichen Führungsleistung durch Aufklärung und Fortschritt steht eine Folgelast gegenüber, welche heutzutage vor allem mit globaler Umweltzerstörung und atomarer Hochrüstung verbunden wird.

Was die Formulierungen „in Führung gegangen" und „in Verruf gekommen" an der gegenwärtigen Lage der Wissenschaft nur ungenau umschreiben, läßt sich genauer als gleichzeitiges Vorhandensein zweier gegensätzlicher

Tendenzen in der modernen Gesellschaft erfassen. Ihre wachsende *Verwissenschaftlichung* geht neuerdings einher – fast könnte man sagen: Hand in Hand – mit zunehmender *Wissenschaftsfeindlichkeit*. Die Frage bei vermutlich weiterhin steigender Verwissenschaftlichung unserer Lebensverhältnisse ist, ob mehr Wissenschaft immer mehr Antiwissenschaftlichkeit nach sich ziehen muß oder ob nicht eine gleichermaßen wachsende *Verantwortung der Wissenschaftler* die bessere Antwort auf die Verwissenschaftlichungstendenz wäre? Wird diese Reaktion auf die Herausforderung vorgezogen, kommt er zum Problem, *womit* die neue Antwort gegeben werden kann. Mit der alten Ethik der Wissenschaft, dem überkommenen, angeblich noch immer vollkommen intakten, unverändert strengen „wissenschaftlichen Ethos?" Wir werden sehen.

*1. Von der internen Verantwortung des Wissenschaftlers für die Wissenschaft:
Das wissenschaftliche Ethos als eine Ethik des Wissens*

Die wissenschaftliche Ethik ist, wie auch die Methodik, ein Regelwerk für das theoretische Erkennen der Welt, also eine *Ethik des Wissens*, nicht des Handelns. Sie ist gut für die wissenschaftliche Kreativität, weniger für die außerwissenschaftliche Aktivität, soweit sie über die Erkenntnistätigkeit (Erklären, Beobachten, Experimentieren, Theoretisieren, Diskutieren, Lehren, Vortragen, Veröffentlichen, u. dgl.) hinausgeht.

Das wissenschaftliche Ethos soll bestimmungsgemäß nicht weniger, aber auch *nicht mehr* leisten, als „den optimalen Erkenntnisfortschritt der Wissenschaft sicherzustellen"[105]. Demgemäß betrifft die *Verantwortung des Wissenschaftlers aufgrund des wissenschaftlichen Ethos* die kognitiven *Ergebnisse* seiner Arbeit, also die wissenschaftlichen Qualitäten seiner Erkenntnisse, die Güte des Wissens, die Bedeutung seiner Forschungsergebnisse als Beitrag zum Erkenntnisfortschritt und Wissenschaftswachstum – nicht jedoch die außerwissenschaftlichen *Folgen* der Forschung und die praktischen Konsequenzen der Anwendung, Verwendung oder Verwertung des Wissens außerhalb von Lehre und Labor!

Von dieser Folgeproblematik – sei sie gut oder schlecht – ist der Wissenschaftler nach der tradierten, in Beruf & Betrieb fest institutionalisierten Regelung politisch, rechtlich und vor allem auch ethisch *abgeschnitten*. Keines der oben (S. 51 ff.) genannten Gebote des wissenschaftlichen Ethos greift über den Wissensbereich hinaus und bezieht die Folgen des Erkenntnisfortschritts mit ein in die Verantwortlichkeit des Wissenschaftlers.

Wer das ernstlich und wirklich ändern wollte – nicht nur im Sinne einer typisch theoretischen Verpflichtung, die Folgen der Forschung „zu bedenken" –, müßte erheblich mehr verändern als das wissenschaftliche Ethos, nämlich die strukturellen Eigenschaften des Faktors Wissen und dessen reale Einwirkungsmöglichkeiten auf den Gang der Dinge. Aber vielleicht hat sich hier bereits etwas geändert und eine *neue Lage* geschaffen, für welche sich die Verantwortungsfrage anders stellt und besser als bisher geregelt werden muß.

---

[105] STORER, a.a.O. (s. Anm. 42), S. 82.

Die veränderte Sachlage ist meines Erachtens bereits eingetreten, aber die Schlußfolgerungen daraus für die erweiterte Verantwortung der Wissenschaft sind noch nicht gezogen worden. Das soll im folgenden geschehen, beginnend mit einer Präzisierung der Verantwortungsfrage – wie sie sich bisher gestellt hat, jedoch künftig neu gestellt werden muß.

Das „im Zusammenhang mit wissenschaftlichem Wissen heute meistgehörte ethische Grundwort ‚Verantwortung'"[106] bezeichnet eine Gemengelage von Verantwortungsfragen, welche im einzelnen sorgfältig auseinanderzuhalten sind. Deshalb erfordert das zur Zeit in der Wissenschaft viel diskutierte und wenig geklärte Verantwortungsthema[107] zunächst einige Differenzierungen in der Fragestellung, um überhaupt zum Kern des Problems der *internen* – d. h. innerberuflichen und innerbetrieblichen – *Verantwortung des Wissenschaftlers für die Wissenschaft* vor-

---

[106] PAUL GOOD, Von der Verantwortung des Wissens, in: ders. als Hrsg., Von der Verantwortung des Wissens, Frankfurt am Main 1982, S. 127.

[107] Eine kleine Auswahl neuester Publikationen zur ethischen bzw. sozialen Verantwortung der Wissenschaft:
GERHARD HANDSCHUH, Die gesellschaftliche Verantwortung der Wissenschaft, Frankfurt am Main 1982; HANS LENK, Zur ethischen Verantwortung des Naturwissenschaftlers, Vorlesungsreihe Schering, Heft 10, Berlin 1984, S. 17–23; O. P. OBERMEIER, Wissenschaft als Chance zur Verantwortung, Allgemeine Zeitschrift für Philosophie, Bd. 9, 1984, S. 31–56; DIETRICH RÖSSLER, Wandlungen der Verantwortung für die Wissenschaft, Heft 3 der Vortragsreihe Hoechst AG, ohne Ortsangabe und Erscheinungsjahr, erschienen Frankfurt 1984.
Außerdem die bereits genannten Publikationen von HAMMER und GOOD (s. Anm. 8 und 106) sowie der ältere Aufsatz von KARL R. POPPER, Die moralische Verantwortlichkeit des Wissenschaftlers, Universitas, Bd. 30, 1975, S. 689 ff.

dringen zu können. Im Gegensatz zum *Prinzip Kritik* ist das vielzitierte „Prinzip Verantwortung"[108] noch nicht zu einem anwendbaren Funktionsmodell der Wissenschaft gediehen.

Im Bereich des moralisch überbesetzten, jedoch analytisch unterbelichteten Verantwortungssyndroms sind zunächst einige elementare Unterscheidungen zu machen, auf die sich die folgenden *Vorfragen* zur wissenschaftlichen Verantwortlichkeitsproblematik beziehen:

a) Zum Sinn des wirkenden Prinzips oder wenigstens wünschbaren Postulats „Verantwortung", d. h. zur inhaltlichen Bestimmung des Verantwortungsbegriffs: *Worin* läge die Verantwortung des Wissenschaftlers, wenn sie bestünde?

Die entscheidende Antwort-Alternative wäre: *Ideelle* Verantwortungsübernahme kraft idealistischer (Selbst-)Verpflichtung zum gewissenhaften Bedenken und theoretischen Berücksichtigen der Folgen oder *strukturelle* Verantwortung kraft „eingebauter", durch die Strukturbedingungen auferlegter Folgelast eventuellen Fehlverhaltens.

b) Zum *Gegenstand* der Verantwortung: *Wofür* trüge der Wissenschaftler Verantwortung, falls er welche trägt?

Antwort-Alternative: Rein *kognitive* Verantwortung nur für Erkenntnis und Wissenschaft als solche oder *soziale, politische, rechtliche* Verantwortung für die praktischen Folgen der Forschung außerhalb des wissenschaftlichen Anwendungsbereichs.

---

[108] Vgl. HANS JONAS, Das Prinzip Verantwortung, Frankfurt am Main 1979.

c) Zum *Adressaten* der Verantwortung: *Wem* gegenüber hätte der Wissenschaftler sich zu verantworten, falls er zur Verantwortung gezogen werden könnte und Rechenschaft ablegen müßte?

Antwort-Alternative: *Interne* Verantwortung in der „Zunft" gegenüber der Wissenschaft selbst (d. h. den Kollegen der Forschungsgemeinschaft) oder *externe* Verantwortung gegenüber der Gesellschaft oder Teilen davon, wie immer abgegrenzt.

d) Zum *Träger* der Verantwortung: *Wer* könnte überhaupt Verantwortung in der Wissenschaft tragen, falls welche zu tragen wäre?

Antwort-Alternative: *Jeder Wissenschaftler* trägt individuelle Verantwortlichkeit oder die *ganze Wissenschaft* (als Institution, Organisation, Gemeinschaft, Kollegium, Zunft) kollektive Verantwortlichkeit.

e) Zum *Maßstab* der Verantwortung: *Woran* wäre die Verantwortlichkeit zu bemessen, welche Maßstäbe könnten angelegt werden, wenn Rechenschaft gefordert werden könnte?

Antwort-Alternative: *Ethische* Verantwortung am Maßstab des wissenschaftlichen Ethos oder *„technische"*, *handwerkliche* Verantwortung am Maßstab der wissenschaftlichen Methode.

f) Zur *Art* der Verantwortung: *Wie* könnte vom Wissenschaftler Verantwortung gefordert und getragen werden? (Mit der philosophischen Hintergrundfrage: Was wäre der „letzte Grund" der Verpflichtung zur Verantwortlichkeit?)

Antwort-Alternativen: *Sozial, politisch, moralisch, rechtlich, fachlich.*

g) Zum praktischen *Modus* oder sozialen „Mechanismus" der Verantwortung, d. h. der Funktionsweise der Verantwortungspraxis als einer effektiven Prozedur: *Welche* Hebel können angesetzt, welche Maßnahmen durchgeführt werden, um Verantwortlichkeit faktisch zu bewirken und praktisch zu bewerkstelligen?

Die *Antworten* können hier nur thesenartig gegeben werden, ohne ausführliche Begründungen und Erläuterungen (welche größtenteils in den vorangehenden Ausführungen enthalten sind, aus denen nun die Schlußfolgerungen gezogen werden). Dem Tenor der ganzen Argumentation entsprechend, sind es keine normativen Antworten, welche moralische Wünschbarkeiten ausdrükken, sondern strukturelle Konsequenzen, abgeleitet aus den Bedingungen moderner Wissenschaft als Beruf & Betrieb.

Mit Hilfe der differenzierten Fragestellung und alternativen Antworten läßt sich nun die Verantwortlichkeit des Wissenschaftlers und der Wissenschaft Punkt für Punkt wie folgt bestimmen:

Zu a) *Sinn und Zweck* wirklicher Verantwortung – im Gegensatz zur bloßen rhetorischen Übernahme der Verantwortung ohne praktische Konsequenzen für den vermeintlichen Träger, zum Beispiel *Hitlers* „Verantwortung" für Stalingrad – besteht, funktionell gesehen, meines Erachtens darin, *die Folgen für etwas zu tragen*, was man freiwillig oder gezwungenermaßen zu verantworten hat. Wer nicht für die Folgen einstehen muß, hat keine effektive Verantwortung. Diese Folgenübernahme zu gewährleisten, ist ja die Funktion des „Prinzips Verantwortung".

Einen konkret faßbaren Sinn, eine praktisch haltbare Verpflichtung ergibt sich daraus aber nur, wenn das Folgetragen bedeutet, daß der Verantwortliche gegenüber *anderen* Verantwortungsinstanzen – persönlicher oder sachlicher Art – für die Folgen geradesteht und sich dafür von ihnen notfalls auch zur Rechenschaft ziehen läßt.

Die *politische* Verantwortung des Wissenschaftlers bestünde also im Eintreten für die praktischen Folgen der Wissenschaft vor der Gesellschaft, der Öffentlichkeit, dem Staat oder welchem *außerwissenschaftlichen Forum* auch immer.

Wer die Frage nach der Verantwortung des Wissenschaftlers wörtlich nimmt, nämlich als Bitte um Antworten zur Moral, Ethik, Axiologie (Wertlehre) von Wissenschaft und Technologie, Forschung und Lehre, wird genug bekommen, wenn er nichts weiter verlangt als Ausführungen, welche irgendwie „die innere Verwiesenheit der Phänomene ‚Wissen' und ‚Verantwortung' sichtbar machen"[109]. Wer dagegen vom Wissenschaftler verlangt, daß er nicht nur über Verantwortung theoretisiert und reflektiert, sondern sie in dem erläuterten harten Sinn wirklich trägt, bekommt ein ganz anderes Bild von der institutionalisierten Verantwortungsstruktur der Wissenschaft kraft den Bedingungen des Berufs & Betriebs.

Davon sind die persönlichen *Gesinnungen* der Wissenschaftler zu unterscheiden, welche natürlich im Einzelfall eine ganz andere individuelle Verantwortungslage bewirken können. Bei der kollektiven *Mentalität* in der Zunft (Forschungsgemeinschaft) werden sich über- und unterdurchschnittliche Verantwortlichkeiten einzelner Wissenschaftler in etwa „ausmitteln", so daß die Strukturbedingungen letztendlich doch auf die Grundzüge wissenschaftlicher Verantwortlichkeit voll durchschlagen können. Mit welchem Ergebnis, ist nun aufzuzeigen.

---

[109] Good, a.a.O. (s. Anm. 106), S. 127.

Zu b) Der *Hauptgegenstand* wissenschaftlicher Verantwortlichkeit ist die Wissenschaft selber in Gestalt ihrer „Erkenntnisse", auf die hin die Forschung „resultatorientiert" ist. Aufgrund der Geschäftsbedingungen des Berufs & Betriebs trägt also der Wissenschaftler die Verantwortung für die *Qualität und Quantität seiner Beiträge* zum gegenwärtig „gültigen" Stand der Erkenntnis – vielleicht noch für deren theoretische Konsequenzen, soweit bekannt, nicht aber für die praktischen Auswirkungen, gleichgültig, ob voraussehbar oder nicht.

Das ist eine *rein kognitive Verantwortlichkeit* für die Güte des eigenproduzierten, etwas weniger auch des übernommenen Wissens. Dafür kann und muß der Wissenschaftler mit seiner Reputation einstehen (oder müßte jedenfalls, wenn die sozialen Mechanismen der Belohnungsverteilung und Ruhmverleihung immer leistungsgerecht funktionieren würden).

Zu c) *Adressat* der wissenschaftlichen Verantwortung kann folglich nur die *Wissenschaft selber* sein, d. h. das Kollegium der Mitforscher, -lehrer, -schreiber im Fach, dem der Wissenschaftler anstelle eines offenen Laienpublikums seine Werke widmet (als „Geschenk" ohne direkte materielle Gegenleistung[110]) und von denen er Anerkennung erteilt oder verweigert bekommt. Allein das ist es ja, was er tatsächlich als seine höchstpersönliche Verantwortung für das Wissen trägt. Es handelt sich also um eine *rein interne*, innerberufliche oder innerbetriebliche Verantwortlichkeit gegenüber der Wissenschaft, ja sogar nur im eigenen Fach, keine externe gegenüber der Gesellschaft.

---

[110] Siehe oben, S. 44.

Zu d) *Träger* dieser Art von Verantwortung kann nach Lage der Dinge – als Begünstigter oder Belangter – nur der *Einzelwissenschaftler* sein, nicht die Wissenschaft als solche und ganze, der Verantwortung nur in pauschaler und damit selbst unverantwortlicher Weise zugeschrieben werden könnte. Darin unterscheidet sich aber die Wissenschaft nicht von anderen Lebensbereichen in der Gesellschaft.

Zu e) *Maßstäbe* für die Beurteilung und *Maßnahmen* für den Vollzug der – wie bis jetzt festgestellt – effektiven, kognitiven, internen und individuellen Verantwortung in der Wissenschaft ergeben sich aus ihrer *Methodik*, nicht aus dem wissenschaftlichen Ethos. Weder die Wissenschaft noch der Einzelwissenschaftler sind durch „Moral" ausgezeichnet.

In dieser Hinsicht handelt es sich bei der Einrichtung der Wissenschaft wie bei der Einstellung des Wissenschaftlers eher um Formen des *angepaßten Skeptizismus*, von dem weder moralische Innovationen noch gesteigerte, über das beschriebene Maß hinausgehende Verantwortung zu erwarten sind. In der modernen Gesellschaft sind Wissenschaftler keine moralischen Unternehmer, welche in ethischer Hinsicht als Regelsetzer oder Regeldurchsetzer initiativ werden[111].

Zu f) Die *Art der Verantwortung* und der Grund zur diesbezüglichen Verpflichtung sind mit ihrem Ausmaß bereits festgelegt. Geht die Verantwortung des Wissenschaftlers über die *fachliche „Haftung"* für kognitiv-methodische Fehlleistungen nicht hinaus, kann auch seine

---

[111] Vgl. HOWARD S. BECKER, Außenseiter, Frankfurt am Main 1981, S. 133 ff.

Verantwortlichkeit nicht anders gelagert und seine Verpflichtung nicht anders begründet sein. Der Forscher ist in erster Linie *Fachmann für wissenschaftliche Erkenntnis* und seine Verantwortlichkeit dafür ist dementsprechend „fachmännisch". Für ihn kommt erst die Methode und dann die Moral, erst das Wissen und dann – am Horizont seines professionellen Weltbildes in verkleinerter Wahrnehmung allmählich verschwindend – die Folgen. Gelegentlich geht der Blick in die Ferne...

Zu g) Für die so eng gefaßte, aber genau bestimmte wissenschaftliche Verantwortung gibt es nur einen *Modus*, der beim Wissenschaftler die Folgen des eigenen Tuns zum Tragen bringt. Der *Selbststeuerungsmechanismus wissenschaftlicher Reputationsverteilung* kraft kollegialer Anerkennung fachlicher Forschungsleistungen ist auch ein praktischer Modus der Verantwortungszuweisung. Der Wissenschaftler „haftet" mit seinem Ruf für Fehlleistungen, allerdings nur in dem aufgezeigten engen Rahmen.

Dieser Modus wirkt zwar nur unvollkommen, mit beträchtlichen Verzögerungs-, Verzerrungs- und Beharrungstendenzen[112], ist also streng genommen kein echter Mechanismus im Sinne eines determinierenden Systems mit berechenbarer Wirkung. Immerhin liefert er, im Gegensatz zu allen anderen Verfahren (Legitimationsentziehung, Versittlichung, Verrechtlichung, etc.) den einzigen strukturellen Einschalthebel, welcher eine gewisse Verantwortlichkeit des Wissenschaftlers für seine Arbeit gewährleistet. Nur damit läßt sich nach den geltenden Geschäftsbedingungen des Berufs & Betriebs wissenschaftli-

---

[112] Wofür unter anderem das bereits erläuterte (s. Anm. 43) *Matthäus-Prinzip* verantwortlich ist.

che Unverantwortlichkeit – im Klartext: kognitive Fehlleistung – aushebeln, wenn auch nur nachträglich.

Zusammenfassend läßt sich sagen: Unbeschadet größerer persönlicher Gewissenhaftigkeit im Einzelfall, gibt es im Sinne des Folgetragens kraft struktureller Bedingungen eine *effektive, kognitive, interne, individuelle, technische (methodische, handwerkliche), fachliche, reputationsvermittelte Verantwortlichkeit* des Wissenschaftlers für die *theoretischen Eigenheiten und Folgerungen wissenschaftlicher Erkenntnis*, aber nichts dergleichen für die praktischen Folgen der Forschung im außerwissenschaftlichen Bereich.

Dieses praktische, politische, soziale, moralische, rechtliche *Verantwortungsdefizit* ergibt sich nicht aus persönlicher Unmoral oder anderen menschlichen Defekten des Wissenschaftlers, auch nicht aus der Wertfreiheit wissenschaftlicher Erkenntnisse, sondern aus den aufgezeigten Strukturbedingungen *intakter* Wissenschaft (Regel- und Resultatorientierung, Trennung von Theorie und Praxis, Abkopplung von Ideen und Interessen, u. a.).

2. Die veränderte Wissenslage und die erweiterte Verantwortung des Wissenschaftlers

Meine Argumentation ist damit beim gegenwärtigen Stand der Dinge angelangt, an dem üblicherweise die sachlichen Überlegungen mit einem moralischen Appell an die Verantwortung abgeschlossen werden: Mit ihrem Wissen ist die Wissenschaft in Führung gegangen, aber ihre Ethik des Wissens hat mit der Methodik des Erkenntnisfortschritts nicht Schritt gehalten. Das wissenschaftliche Ethos ist auf dem alten Stand einer innerwissenschaftlichen Wissensethik stehengeblieben, während die Verwissenschaftlichung der Gesellschaft immer weiter gegangen ist.

An diesem Punkt setzte in jüngster Zeit eine umfangreiche Diskussion über die *Verantwortung der Wissenschaft* ein[113], ohne jedoch viel mehr zu erbringen als Appelle an das Verantwortungsbewußtsein der Wissenschaftler und Formulierungen von moralischen Forderungen, welche entweder unverbindlichen Wünschbarkeiten oder undurchdachten Forschungsverboten das Wort reden. Mit den Strukturbedingungen von moderner Wissenschaft als Beruf & Betrieb hat dieses inflationäre „Reden über Verantwortung"[114] so gut wie nichts zu tun und führt infolgedessen kaum zu einem brauchbaren Funktionsmodell für das Verständnis wissenschaftlicher Verantwortung[115].

---

[113] So wird beispielsweise in den genannten (s. Anm. 107) Publikationen *unisono* wissenschaftliche Verantwortung für die Folgen der Forschung verlangt, ohne zu untersuchen, ob diese Wünschbarkeit der Wirklichkeit des Berufs & Betriebs moderner Universitäts- oder Industriewissenschaft überhaupt entsprechen *kann*, d. h. in ihren „Geschäftsbedingungen" eine reale Grundlage hat. In dieser Hinsicht liefert Obermeiers Plädoyer für „konsequenzenorientierte Verantwortung" als Erkenntnis einer „umfassende(n) synoptische(n) Konsequenzenforschung" (a.a.O., S. 56) ein bemerkenswertes Beispiel für konsequenzenblindes Denken.

Derartige Versuche, die Geschäftsbedingungen der realexistierenden Wissenschaft durch moralische Wünschbarkeitsforderungen überspielen zu wollen – ohne sie analytisch oder gar faktisch aushebeln zu können –, kennzeichnen weithin die gegenwärtige Behandlung des Verantwortungsthemas.

[114] Obermeier, a.a.O. (s. Anm. 107), S. 43.

[115] Lediglich Lenks Vortrag (den ich leider erst nach Abschluß des Manuskripts von Herrn Dr. Horst Röpke, Schering AG Berlin, erhalten habe) verbindet philosophische Überlegungen mit struktu-

Das hier aus den Strukturbedingungen des Berufs & Betriebs abgeleitete Zwischenergebnis einer *Führung der Wissenschaft* in der gesellschaftlichen Entwicklung *ohne Verantwortung des Forschers für die Folgen* entspricht der *gesinnungsethischen* Einstellung des Wissenschaftlers zur Wahrheit. Wie der Christ aus gläubiger Gesinnung recht tut und den Erfolg Gott anheimstellt[116], so verpflichtet das wissenschaftliche Ethos den Forscher: „Erkenne richtig und stelle die Folgen im Guten und Schlechten der Gesellschaft anheim!" Tritt der erwartete Erfolg nicht ein oder sind die Nebenfolgen einer aus der reinen Gesinnung uninteressierten Wahrheitssuche fließenden Erkenntnis von Übel, „so gilt ihm nicht der Handelnde, sondern die Welt dafür verantwortlich, die Dummheit der anderen Menschen – oder der Wille Gottes, der sie so schuf."[117] Hier wäre heute anstelle Gottes die das Wissen anwendende und die Verantwortung dafür tragende Politik einzusetzen: anstelle der dummen Menschen die unklugen Wähler, welche die Politiker damit beauftragt oder dabei nicht genügend überwacht haben.

Auf der einen Seite muß der Wissenschaftler seine Arbeit nicht *verantwortungsethisch* tun – also verantwortlich für die Folgen der Forschung –, weil infolge der Trennung

---

rellen Tatbeständen, ohne jedoch eine detaillierte Strukturanalyse der wissenschaftlichen (Un-)Verantwortlichkeit aufgrund der Geschäftsbedingungen vorzunehmen. Ohne Funktionsmodell aber bleibt „die Notwendigkeit, eine erweiterte Bewußtheit durch Erweiterung der Verantwortlichkeit und des Verantwortungsbewußtseins zu fördern" (a.a.O., S. 19; s. Anm. 107), eine tautologisch formulierte moralische Wünschbarkeit.

[116] So sinngemäß WEBER, Gesammelte Politische Schriften, S. 551.
[117] WEBER, a.a.O., S. 552.

von Theorie und Praxis die gesellschaftliche Folgeproblematik von der wissenschaftlichen Erkenntnisproblematik abgekoppelt ist. Auf der anderen Seite kann die Gesellschaft diese praktische Beschränkung der wissenschaftlichen Verantwortlichkeit ohne weiteres hinnehmen, ja im Interesse der Nichtwissenschaftler sogar hegen und pflegen, weil die *politische Entlastung* der Wissenschaft vom praktischen Handlungs- und Verantwortungszwang immer auch eine *politische Entmachtung* bedeutet. Je mehr das eine, desto mehr das andere! Unter diesen Bedingungen ist Wissen eben *nicht* Macht und muß deshalb auch hinsichtlich der von seinem Einflußbereich „abgeschnittenen" Folgen vom Wissenschaftler nicht verantwortet werden.

Die Ethik des Wissens braucht keine Verantwortungsethik zu sein, solange man in der Gesellschaft mit der Wissenschaft als gemeinsames Credo kognitiver Wertorientierung annehmen darf, daß es grundsätzlich einfach *gut ist*, unbegrenzt, uneingeschränkt, ungehindert die Natur zu erforschen und die Wahrheit darüber zu wissen, unbeschadet aller Folgen. Je mehr Wissenschaft und Wahrheit, desto besser! Es kann vielleicht praktisch nutzlos oder nachteilig, aber nicht moralisch schlecht sein, mit wissenschaftlichen Mitteln zu erkennen, was die Welt im Innersten zusammenhält.

Das war einmal. Die Grundannahme, daß von der Wahrheit letztlich nur Gutes ausgehen könne, oder zumindest nichts direkt Schlechtes, gilt nicht mehr. Dies ist das *‚Alte Testament' der Wissenschaft*, welches durch das *‚Neue Testament'* abgelöst wird.

Im Gegensatz zur früheren Ideologiekritik, welche der Wissenschaft ihr „interessiertes" (durch ideologische Interessenlagen fehlgeleitetes) Verfehlen, Verzerren, Verfälschen der Wahrheit vorwirft und folglich in der *Falsch*erkenntnis die Hauptsünde des Wissenschaftlers sieht, geht es der heutigen Wissenschaftskritik um die für verantwortungslos gehaltene Erzeugung und Anwendung leider allzu *wahren* Wissens. Der industriellen Pharmawissenschaft, der zivilen und militärischen Nukleartechnologie, der klinischen Großforschung wird nicht entgegengehalten, daß sie zuwenig zuverlässiges Wissen erarbeitet hätten, sondern viel zuviel.

Vorhaltungen wegen Verfehlungen des Erkenntnisziels sind nicht mehr der Hauptpunkt gegenwärtiger Wissenschaftskritik, sondern Einwendungen gegen den Einsatz offensichtlich richtiger, gerade deshalb technologisch brauchbarer und moralisch bedenklicher Forschungsergebnisse. Weil es nicht mehr um die Korrektur typischer Erkenntnisfehler und den Kampf für den Sieg der Wahrheit geht, wird nun *Ideologiekritik alten Stils gegenstandslos* und das überkommene *wissenschaftliche Ethos dysfunktional*, ja völlig sinnwidrig. Als Hygiene und Ethik des Wissens förderten beide ja noch den wissenschaftlichen Erkenntnisfortschritt, in dem die heutige Wissenschaftskritik das eigentliche Übel sieht, gegen den sie nicht die Forderung nach Verbesserung, sondern nach *Verantwortung des Wissens* erhebt.

So ist im Zuge der Verwissenschaftlichung der Gesellschaft, neuerdings als Teil eines noch viel umfassenderen Informationsprozesses[118], eine *neue Lage* entstanden, wel-

---

[118] Vgl. den Systematisierungsversuch des Informationskomplexes – nach Arten und Funktionen des Wissens – bei SPINNER, Der Mensch in der Informationsgesellschaft, Die Neue Gesellschaft, Bd. 31, 1984, S. 797 ff.

che den quantitativen Anteil, die qualitative Bedeutung und den politischen Einfluß des kognitiven Faktors in der Gesellschaft erheblich und dauerhaft vergrößert hat. In politische Entscheidungen und wirtschaftliche Erzeugnisse geht immer mehr Wissen ein, das dadurch zu einem beträchtlichen Kosten-, aber auch Steuerungsfaktor wird. Der Wohlstand der Nationen wird in Zukunft wesentlich von ihrem Wissen abhängen. „Reich" ist in der keineswegs nachindustriellen[119], sondern ganz im Gegenteil eher superindustriellen[120] neuen Weltordnung der Wissensgesellschaften das informationsreiche Volk mit der besten Wissenschaft und Technologie sowie der größten Informationsökonomie und Innovationsrate.

National wie international gesehen, ist damit *Wissen Macht geworden* – zwar nicht als kognitiver, wohl aber als politischer und wirtschaftlicher Faktor, in dem Theorie und Praxis verbunden und Ideen durch Interessen verstärkt sind. Das schafft auch für die Wissenschaft eine neue Lage, welche die Geschäftsbedingungen für eine Ethik des Wissens ändert, ohne deren wohlverstandenen Grundgedanken – Verantwortung für das Wissen, soweit seine Erzeugung und Verwendung vom Wissenschaftler regiert wird: nicht mehr, aber auch nicht weniger! – unrichtig oder unwichtig zu machen. Diesen gilt es vielmehr

---

[119] Siehe Anm. 1 und 3.
[120] Vgl. Martin Jänicke, Versorgung und Entsorgung im superindustriellen System, in: Joachim Matthes, Hrsg., Lebenswelt und soziale Probleme – Verhandlungen des 20. Deutschen Soziologentages zu Bremen 1980, Frankfurt und New York 1981, S. 144 ff.; Gerhard Voss, Trend zur Dienstleistungsgesellschaft oder Re-Industrialisierung?, Aus Politik und Zeitgeschichte – Beilage zur Wochenzeitung „Das Parlament", B 22/82 vom 5. Juni 1982, S. 36 ff.

in neuer Lage, unter anderen Bedingungen voll auszuschöpfen und streng anzuwenden!

Wenn das Wissen wächst und der Einfluß des Wissenschaftlers über den Wissenschaftsbereich hinausgeht – wenn sozusagen beides immer mehr in die Gesellschaft hineinwächst –, müßte demnach die wissenschaftliche Verantwortung im Zuge und Ausmaß dieses Expansionsprozesses *mitwachsen*. Demnach sollte wissenschaftliche Verantwortung nach der neuen Ethik des Wissens mit der Verwissenschaftlichung der Gesellschaft immer Schritt halten, sich also gleichermaßen ausweiten oder bei rückläufiger Entwicklung einschränken.

Damit möchte ich folgende Überlegung zur Diskussion stellen: Die alte Ethik des Wissens entsprach – sachgerecht – der alten Problemlage der Wissenschaft. Demgegenüber hat die jüngste Entwicklung der modernen Wissenschaft eine neue Lage geschaffen, welche der bisherigen Regelung in den aufgewiesenen Punkten die Geschäftsgrundlage mehr und mehr entzieht. Die veränderte Wissenslage erfordert eine erweiterte Verpflichtung des Wissenschaftlers, gemäß der *neuen Verantwortungsthese*, daß die *sich ausbreitende Wissenschaft* eine *sich gleichermaßen ausdehnende Mitverantwortung des Wissenschaftlers* erfordert.

Nach der alten Regelung gleicht die publik gemachte Erkenntnis einer „uninteressiert", d. h. ungezielt abgefeuerten Kugel, auf deren Lauf der Schütze keinen Einfluß mehr hat: einmal aus dem Lauf, hält sie kein Teufel mehr auf[121]! Bei Trennung von Theorie und Praxis sowie Ab-

---

[121] Vgl. den Diskussionsbeitrag von SPINNER, in: H. KLEINSORGE und C. E. ZÖCKLER, Hrsg., Fortschritt in der Medizin – Versuchung oder Herausforderung?, Hameln 1984, S. 193f., sowie die Erwiderung von H. GAREIS (Hoechst AG), S. 194: „Aber die Kugel, die aus

kopplung von Ideen- und Interessenlage wird das durch Veröffentlichung in Gemeineigentum – teilweise auch durch Patentierung und Weiterveräußerung in Privateigentum – überführte Wissen zum Selbstgänger, für dessen Schicksal in der Realisierungsphase sein Schöpfer nicht mehr verantwortlich gemacht werden kann. Der Wissenschaftler ist nur Geburtshelfer, nicht Vormund.

In dem Maße, in dem Theorie und Praxis nicht mehr klar getrennt sind, die Ideen von den Interessen nicht völlig abgekoppelt werden, Wissenschaft nicht gleichzeitig entlastet und entmachtet ist, ähnelt wissenschaftliche Erkenntnis eher einer Rakete, die zwar nicht ferngesteuert ins Ziel fliegt, aber doch innerhalb bestimmter Grenzen richtungsmäßig vorprogrammiert werden kann. Das geschieht durch eine Art Zweckprogramm[122], das zum Guten oder Schlechten aus „uninteressierter" Wahrheitssuche „interessierte", d.h. zweckgebundene Auftragsforschung macht. Ist der Lauf der Dinge von der Untersuchung der Problemlage bis zur Anwendung auch in aller Regel nicht vom Wissenschaftler selber programmiert, so doch für ihn aufgrund des Programms erkennbar. Wer heutzutage an einem Krebsmedikament oder Giftgas arbeitet – um die Bandbreite zwischen „guter" und „böser" Forschung abzustecken –, kann über die Zweckbestimmung nicht im unklaren sein. Das schließt unvorhersehbare „Zweckentfremdungen" nicht aus. Aber damit zu

---

dem Lauf ist, bekommt erst dann Leben, wenn ein anderes Individuum sich wiederum mit ihr beschäftigt. Und damit hat das andere, das nächste Individuum ja wieder Verantwortung."

[122] Zur Idee und Kritik von Zweckprogrammen vgl. NIKLAS LUHMANN, Zweckbegriff und Systemrationalität, Frankfurt am Main 1973, insbes. Kap. 5.

rechnen, wäre weder gesinnungs- noch verantwortungsethisch.

Mit dem Kugel- und Raketengleichnis soll lediglich sinnbildlich verdeutlicht werden, *warum* es unter den geänderten Bedingungen angebracht erscheint, „Forschung zum Bestandteil rechenschaftspflichtigen Verhaltens in Organisationen zu machen"[123] – wenn schon, dann natürlich auch außerhalb von Organisationen, auf Wissensmärkten unternehmerischer Wissenschaftler. Da das aber mit dem traditionellen wissenschaftlichen Ethos und dem innerwissenschaftlichen Reputationsmechanismus nicht verwirklicht werden kann, ist die Frage: *Wie* und *womit* ist eine Erweiterung der wissenschaftlichen Verantwortlichkeit möglich, *ohne* die Forschung von vornherein zu beschränken und den Wissenschaftler pauschal mit der Verantwortung für alle Folgen der Forschung zu belasten, auch wenn er sie persönlich gar nicht zu vertreten hat?

Was damit im Idealfall gesucht ist, wäre eine Rechenschaftsweise, welche erweiterte wissenschaftliche Verantwortlichkeit ohne gleichzeitig verengende wissenschaftliche Forschungsverbote schafft. Sie müßte sich auf alles, aber nur dieses erstrecken, was der Wissenschaftler als „Herr des wissenschaftlichen Erkenntnisverfahrens" zu vertreten hat. Das ist, wie bisher, die Menge und Güte des Wissens, für die er uneingeschränkt mit seiner Reputation haftet. Dazu kommt aufgrund der neuen Wissenslage die von ihm erkennbare und als ihm allein zugängliches Wissen auch vertretbare Folgeproblematik.

Demnach hat der Wissenschaftler nicht die außerwissenschaftlichen Folgen zu vertreten, wohl aber das *Voraus-*

---

[123] NIKLAS LUHMANN, Soziologische Aufklärung, Bd. I, S. 248 (s. Anm. 23).

wissen darüber, für dessen Erarbeitung und Veröffentlichung er verantwortlich ist, wie es ihm seine Berufsethik gebietet. Die erweiterte wissenschaftliche Verantwortung bemißt sich also weiterhin nach den Maßstäben einer Ethik des *Wissens,* welche sich nun aber auf das gesamte *Mehrwissen* über die Folgen der Forschung erstreckt.

Wie ist eine solche erweiterte Verantwortlichkeit der Wissenschaft und/oder des Wissenschaftlers für das Wissen möglich? Die laufende Diskussion des Verantwortungsthemas hat vier ernsthafte Lösungsvorschläge gemacht, denen ich abschließend einen fünften hinzufügen möchte:

(1) Mehr Verantwortlichkeit für die Folgen der Forschung durch Versittlichung der Wissenschaft!

Das Ziel einer solchen Versittlichung ist die Verbesserung der wissenschaftlichen Moral. Das Mittel dazu ist ein *Hippokratischer Eid* für Wissenschaftler oder eine eidesähnliche Verpflichtungsformel dieser Art. Die institutionelle Verankerung besteht neuerdings – vor allem im medizinischen Bereich – in der sozialen Einrichtung von *Ethikkommissionen.*

Aber Grund und Inhalt der Verpflichtung gehen erstaunlicherweise über die bekannten Bestimmungen der überkommenen Ethik des Wissens kaum hinaus. Die praktisch-politische Folgeproblematik bleibt weiterhin ausgespart oder wird allenfalls mit der Leerformel einer moralischen Generalklausel umschrieben, aber nicht verbindlich geregelt.

An zwei Neufassungen der „den heutigen Erfordernissen angemessene(n) Formel eines bindenden Versprechens, ähnlich dem hippokratischen Eid", soll kurz aufgezeigt werden, daß dafür im großen und ganzen dasselbe gilt, was hier über das wissenschaftliche Ethos[124] festgestellt worden ist: Davon abgesehen, daß ihre Normen für den Forscher allenfalls meinungsbildend und einstellungsbeeinflussend, aber nicht verhaltensbestimmend sind, enthält diese Wissensethik *keinerlei Vorschriften hinsichtlich der praktischen Folgen der Forschung und Verwissenschaftlichung*. Streng genommen ist ein solcher Hippokratischer Eid ein untauglicher Versuch am untauglichen Objekt, d. h. eine verhaltensunwirksame Verpflichtung, welche die Folgeproblematik vernachlässigt.

Das gilt uneingeschränkt für die vermutlich noch von *Kant* stammende Verpflichtungsformel der Naturwissenschaftlichen Fakultät an der Universität Freiburg anläßlich der Promotion[125]:

„Die Fakultät hat beschlossen, Sie zum Doktor der Naturwissenschaften zu promovieren. Mit der Verleihung dieses ehrenvollen Titels verknüpft sie eine Verpflichtung: Die Verpflichtung, der wissenschaftlichen Wahrheit stets treu zu bleiben und niemals der Versuchung zu unterliegen, diese Wahrheit zu unterdrücken oder zu verfälschen, sei es unter wirtschaftlichem, sei es unter politischem Druck. In diesem Sinne verpflichte ich Sie als Dekan der Fakultät durch Handschlag, die Würde, die Ihnen die Fakultät verleihen wird, vor jedem Makel zu bewahren und unbeirrt von äußeren Rücksichten nur die Wahrheit zu suchen und zu bekennen."

---

[124] POPPER, Die moralische Verantwortlichkeit..., a.a.O. (s. Anm. 107), S. 691.

[125] Zitiert nach HANS MOHR, Das Selbstverständnis des Forschers und seine ethischen Pflichten, Beitrag zum Symposium über „Moral und Verantwortung in der Wissenschaftsvermittlung – Die Aufgaben von Wissenschaftler und Journalist" auf Schloß Fuschl/Österreich, 4./5. Mai 1984, für den Druck überarbeitete Fassung vom 24. 4. 1984, S. 18.

In diesem durchaus alten Sinne bezieht sich die ethische Verpflichtung wiederum nur auf die Wahrheitssuche und -treue sowie die wissenschaftliche Objektivität auch bei wirtschaftlichem oder politischem Druck. Sinngemäß, aber genauer steht das alles schon in der erläuterten Ethik des Wissens der *Merton*schen Fassung. Hier wie dort ist ein Bedenken der praktischen Folgen mit keinem Wort angesprochen. Erwähnt sind lediglich *von außen kommende Gefahren* für die wissenschaftliche Erkenntnis. Von den *inneren Gefährdungen* der Wahrheit aus der Mitte der Wissenschaft – bedingt durch die Geschäftsordnung des Berufs & Betriebs – ist ebensowenig die Rede wie von den außerwissenschaftlichen Folgen. Genau besehen, ist das also keine ethische Verpflichtungsformel positiven Inhalts, sondern eine typische *Abwehrformel* gegen „störende" Einflüsse von außen, um das wissenschaftliche Ethos als standesethische Zunftmoral autonomer Fachwissenschaft „intakt" zu halten. Das aber besagt hier lediglich: ungestört, unkontrolliert in eigener Regie, im alleinigen Interesse der Wissenschaft und der Wissenschaftler!

Die „Moral" der traditionellen Wissensethik ist hier mitnichten kritisch zur Debatte gestellt, geschweige denn durch neue ethische Verpflichtungen in irgendeiner Weise verbessert. Das schafft keinerlei zusätzliche Verantwortlichkeiten, welche der Wissenschaftler nicht bislang schon gehabt hätte und unter den neuen Bedingungen für unzulänglich befunden worden sind. Äußerem Druck soll der Wissenschaftler tapfer widerstehen, äußere Rücksicht darf nicht genommen werden. Wie steht es aber mit dem Innendruck der Wissenschaft als Beruf sowie des Betriebs der Fakultäten, Organisationen, Kollegialitäten? Von der allgegenwärtigen Versuchung zur Mißachtung des wissenschaftlichen Ethos durch herkömmliche „Interessiertheiten" aller Art abgesehen[126], steht die innere Moral der Universitätswissenschaft gegenwärtig unter der außerordentlichen Belastung des Nullwachstums, das seine Opfer fordert. Das können einzelne Wissenschaftler sein, aber auch ganze Wissenschaftszweige, welche durch die augenscheinlich kaum noch vom interesselosen Wohlgefallen an der Wahrheit bestimmte gegenwärtige Wissenschaftsrealpolitik institutionell liquidiert werden[127].

Mein zweites Beispiel für den mißglückten Versuch, mehr Verantwortlichkeit durch Versittlichung zu schaffen, ist *Poppers* Neufassung des *Hippokratischen Eides* für den modernen Wissenschaftler. Früher, bis zur Zeit des Zweiten Weltkrieges, hatte der „reine" Wissenschaftler „nur *eine* moralische Verpflichtung..., die hinausging über die Verantwortungen, die wir alle haben: die Verantwortung nämlich, nach der Wahrheit zu suchen."[128] Seine einzige Verpflichtung als Forscher bestand darin, den wissenschaftlichen Erkenntnisfortschritt zu maximieren, ohne Rücksicht auf die Folgen. Sich darüber Gedanken zu machen, war nicht seine Sorge und deshalb auch kein Thema für die klassische Ethik des Wissens.

In der „provisorischen Neuformulierung" durch *Popper* besagt der Hippokratische Eid zweierlei: Erstens ist es demnach „die Aufgabe jedes ernsthaft Studierenden, zum Wachstum unseres Wissens beizutragen, durch die Mitar-

---

[126] Siehe Anm. 19 und die Belege in dem dort angegebenen Aufsatz von ANAND und HABERER.

[127] Eine Fallgeschichte aus jüngster Zeit rekonstruiert SPINNER, Ist der Kritische Rationalismus am Ende?, Weinheim und Basel 1982.

[128] POPPER, a.a.O. (s. Anm. 107), S. 689 (Hervorhebung im Original).

beit an der Suche nach der Wahrheit..."[129]. In diesem Bestreben muß sich der Wissenschaftler seiner Fehlbarkeit bewußt und deshalb (selbst-)kritisch sein. Da auch wir Wissenschaftler irren, sind „unsere Fehler nicht allzu tragisch zu nehmen"[130]. Im übrigen ist es unsere Aufgabe, „für die Beurteilung unserer Arbeit hohe Maßstäbe aufzustellen und diese hohen Maßstäbe durch angestrengte Arbeit noch dauernd zu verbessern"[131]. Da das Gemeinschaftswerk aller Wissenschaftler im Fach – in der Forschungsgemeinschaft – ist, schuldet der Forscher „allen jenen Respekt, die bei der Suche nach Wahrheit mitgewirkt haben oder mitwirken", insbesondere „seinen Lehrern"[132].

Dieser begrenzten, weil kritischen Loyalität zu Lehrern und Kollegen steht, zweitens, die „absolute Loyalität" zur „ganzen Menschheit" gegenüber: Der Wissenschaftler „muß sich stets der Tatsache bewußt bleiben, daß jede Art wissenschaftlicher Betätigung Ergebnisse hervorbringen kann, die sich unter Umständen auf das Leben sehr vieler Menschen auswirken werden. Er muß sich fortwährend bemühen, mögliche Gefahren und einen möglichen Mißbrauch seiner eigenen und anderer Forschung im voraus abzuschätzen und über Sicherungen nachzudenken..."[133]. Als „eine seiner besonderen Verpflichtungen" ergibt sich diese Verantwortung vor der Menschheit insgesamt aus der Tatsache, daß die moderne Forschung auch den vermeintlich „reinen" Wissenschaftler „unent-

---

[129] POPPER, a.a.O., S. 691.
[130] POPPER, a.a.O., S. 691/2.
[131] POPPER, a.a.O., S. 692.
[132] POPPER, a.a.O., S. 692.
[133] POPPER, a.a.O., S. 692.

wirrbar in die Anwendung seiner Wissenschaft verwikkelt hat..."[134].

Hinsichtlich der Verpflichtungen erster Art gegenüber der Wissenschaft bringt *Poppers* Hippokratischer Eid nichts weiter als eine dramatisch formulierte *Wiederholung* einiger Kernpunkte aus der alten Ethik des Wissens, deren *Lücken* in allen Fragen der Forschungsfolgen hier mit noch größerer Deutlichkeit hervortreten. Fehler nicht tragisch zu nehmen, ist natürlich nur dann ein sinnvoller und verantwortbarer Ratschlag, wenn die Folgen von Irrtümern für die Menschheit und für den Wissenschaftler „untragisch" sind. Das eine ist der Fall, wenn die Folgen der Forschung überhaupt nicht (negativ) ins Gewicht fallen; das andere, wenn sie gegebenenfalls dem Forscher nicht zur Last fallen. Damit aber ist nicht der Hippokratische Eid mit zusätzlichen Verantwortlichkeiten für den Wissenschaftler neugefaßt, sondern das wissenschaftliche Ethos mit den bisherigen Geschäftsbedingungen wiederholt. Wissen verpflichtet, lehrt *Popper*, aber wen und zu was? Zur Kritik als dem Motor des Erkenntnisfortschritts! Im Klartext also: Wissen verpflichtet den Wissenschaftler zur Wissenschaftlichkeit seiner Arbeit, in den Grenzen des Berufs & Betriebs.

Die Verpflichtungen zweiter Art gegenüber der Menschheit – wo kein Kläger ist und folglich auch kein Richter! – sind im Grunde nichts weiter als eine unverbindliche[135] Aufforderung, die Folgen der Forschung zu bedenken, d. h. darüber philosophisch zu „reflektieren".

---

[134] POPPER, a.a.O., S. 699.
[135] Vgl. POPPER, a.a.O., S. 691: „Es ist klar, daß dem Studierenden eine solche Formel nicht aufgedrängt werden darf."

Das läuft nach *Poppers* eigenen Worten, mit denen er den Hippokratischen Eid auf den moralischen Barwert einer ethischen Nullität – oder, um es freundlicher auszudrücken: einer bloßen Wünschbarkeit – herunterdiskontiert, im Endergebnis darauf hinaus, allenfalls „die Diskussion über das Problem neu in Gang zu bringen" und „bei allen Wissenschaftlern das Bewußtsein ihrer Verantwortung lebendig zu erhalten"[136].

Zur moralischen Schwachstelle des Hippokratischen Eides kommt in der *Popper*schen Formulierung die soziologische Bruchstelle hinzu, daß die außerwissenschaftlichen Verantwortlichkeiten zweiter Art mit den innerwissenschaftlichen Verantwortlichkeiten erster Art *unverbunden* bleiben und deshalb gegenüber den Geschäftsbedingungen des Berufs & Betriebs von vornherein zur Wirkungslosigkeit verurteilt sind. Ob der Hippokratische Eid wenigstens so meinungsbildend und einstellungsformend werden kann wie das wissenschaftliche Ethos, bleibt abzuwarten. Verhaltenswirksam kann dieser Versuch, durch Versittlichung neue Verantwortlichkeiten des Wissenschaftlers zu schaffen, nicht werden, weil – wie eingangs erläutert – die strukturellen Bedingungen des Berufs & Betriebs gegenüber von außen kommenden moralischen Anforderungen („Wünschbarkeiten") resistent sind.

Ethikkommissionen können die Verbindlichkeit des Hippokratischen Eides stärken, aber nicht die Verantwortlichkeit des Wissenschaftlers. Ganz im Gegenteil, haben sie *de facto* eher eine verantwortungsverteilende statt -verschärfende Funktion, weil die eigentliche Verantwortung

---

[136] POPPER, a.a.O., S. 692 und 693.

vom einzelnen Wissenschaftler auf ein Gremium abgewälzt wird, das diese aber nicht wirklich übernimmt, d. h. die Folgen für Fehler trägt. Der Mediziner, welcher dem mehr oder weniger verbindlichen Rat der Ethikkommission folgt, ist vor moralischen oder rechtlichen Sanktionen sicher – sicherer jedenfalls, als wenn er auf eigene Verantwortung handelt –, und die Ethikkommission ist es sowieso. Aus individueller Verantwortlichkeit wird kollektive Unverantwortlichkeit, verteilt auf viele Schultern, von denen keine wirklich trägt. Hippokratischer Eid und Ethikkommissionen sind weder getrennt noch vereinigt Wege zur Versittlichung der Wissenschaft im Sinne größerer Verantwortlichkeit für die Folgen der Forschung.

(2) Mehr Verantwortlichkeit für die Folgen der Forschung durch Verrechtlichung der Wissenschaft!

Die offenkundige Formulierungs- und Sanktionsschwäche des Versittlichungsprogramms legt den alternativen Weg der *Verrechtlichung der Wissenschaft* nahe, weil dieser – im Gegensatz zum untauglichen Versuch moralischer Überzeugung am untauglichen Objekt der Wissensinhalte statt der Wissensfolgen – besser geeignet zu sein scheint, Verpflichtungen zu verdeutlichen und deren Verbindlichkeit zu gewährleisten. Wenn Moral sich nicht gegen Strukturen behaupten kann, dann vielleicht Recht mit den Mitteln staatlicher *Gesetzgebung* und unabhängiger *Rechtsprechung*, unter Umständen im Rahmen von eigens dafür geschaffenen *Wissenschaftsgerichtshöfen*[137]. Ist

---

[137] Vgl. EDGAR MICHAEL WENZ, Hrsg., Wissenschaftsgerichtshöfe, Frankfurt und New York 1983.

eine Verpflichtung erst einmal rechtens geworden, bedarf sie zur Verbindlichkeit nicht mehr der Zustimmung der Betroffenen oder Dritter. Die amtliche Anerkennung ersetzt die freiwillige.

Das Verrechtlichungsprogramm ist ein neuerer Versuch, ethischen Forderungen an die wissenschaftliche Forschung mit *rechtlichen Mitteln* Geltung zu verschaffen. Der offenkundige Vorzug gegenüber der Versittlichung mit rein moralischen Mitteln besteht darin, daß der Rechtsbereich dafür das unwiderstehliche Sanktionspotential des Staates und die flächendeckende institutionelle Infrastruktur des Gerichtswesens zur Verfügung stellen könnte. An Sanktionsschwäche müßte dieser Versuch nicht scheitern.

In der Bundesrepublik sind Bestrebungen, der geforderten gesellschaftlichen Verantwortung der Wissenschaft rechtliche Verbindlichkeit zu verleihen und dadurch staatliche Anerkennung zu verschaffen, zwar nicht als Bundesrecht in das Hochschulrahmengesetz eingegangen, wohl aber in die Hochschulgesetzgebung der Länder Bremen, Hamburg und Hessen. Danach hätte die Wissenschaft ihre Forschung und Lehre „im Bewußtsein der Verantwortung vor der Gesellschaft" auszuüben, der Wissenschaftler „die gesellschaftlichen Folgen wissenschaftlicher Erkenntnisse mitzubedenken" und die zuständigen Universitätsorgane über Forschungsergebnisse zu unterrichten, welche nach seinem Kenntnisstand „bei verantwortungsloser Verwendung erhebliche Gefahr für das Leben oder das friedliche Zusammenleben der Menschheit herbeiführen" könnten[138].

---

[138] Vgl. die kritische Bestandsaufnahme durch HANS-MARTIN

Die Spannung zwischen dieser obgleich nur höchst vagen *Informationsverpflichtung des Wissenschaftlers* und dem verfassungsmäßig garantierten *Freiheitsprivileg*[139] *für Forschung und Lehre des Art. 5 III Grundgesetz* gegenüber staatlichen Eingriffen – beispielsweise durch das Vorschreiben oder Einschränken von Forschungsthemen – führte zu einem Verfassungsstreit über dieses (minimale!) Verrechtlichungsprogramm, der nach *Pawlowskis* meines Erachtens richtiger Einschätzung ausging „wie das *Hornberger Schießen:* Die *Verantwortung* und die auf sie gestützte Informationspflicht wird bejaht – aber in einer Weise, die niemand wehe tut."[140]

Deutlich gefaßt und verbindlich vorgeschrieben müßte die wissenschaftliche Verantwortung sein, um wirksam werden zu können. Der Schwachpunkt der Versittlichungsbestrebungen liegt wegen fehlender Durchsetzungskraft auf dem zweiten Aspekt, derjenige des Verrechtlichungsprogramms dagegen eher auf dem ersten: Angesichts der Eigenart des Rechts, allenfalls Schutz gegen im voraus gesetzlich bestimmte Rechtsbrüche zu bieten, keineswegs aber „gegen Unsinn"[141] oder Irrtum, ist

---

PAWLOWSKI, Wissenschaftliche Forschung und gesellschaftliche Verantwortung, in: Gesellschaft und Universität – Festschrift zur 75-Jahr-Feier der Universität Mannheim, Mannheim 1982, S. 19 ff. Hier sind auf S. 19 f. die übernommenen Passagen aus dem Bremer Hochschulgesetz zitiert.

[139] Daß die Freiheitsgarantie ein Privileg sei, wird von ROELLECKE bestritten, von anderen dagegen unterstrichen (s. Anm. 57). – Wenn es nur um die grundgesetzlich garantierte *Meinungs*freiheit eines Wissenschaftsmenschen ginge, könnte man ROELLECKE ohne weiteres zustimmen. Aber an der „Freiheit von Forschung & Lehre" hängt viel mehr: wenn nicht rechtlich, so doch faktisch.

[140] PAWLOWSKI, a.a.O., S. 21 (Hervorhebungen im Original).
[141] PAWLOWSKI, a.a.O., S. 22.

es höchst unklar, *worin genau genommen* die rechtsverbindliche „gesellschaftliche Verantwortung des Wissenschaftlers" liegen könnte und müßte, welche über eine seiner subjektiven Folgeneinschätzung und damit praktisch seinem persönlichen Belieben anheimgestellte Informationspflicht hinausgeht.

Schließlich besteht der Witz der Wissenschaft darin, daß sie nicht im voraus wissen kann, was sie erst erforschen muß – also die künftigen Forschungsergebnisse und erst recht deren Folgekenntnisse –, während der Witz rechtsstaatlicher Gesetzgebung darin liegt, Tatbestände deutlich zu erfassen, *bevor* sie eintreten. Die Arbeit des Wissenschaftlers ist nicht justiziabel, es sei denn durch generelle *Forschungsverbote*, welche der Wissenschaft von vornherein auf Verdacht statt in Kenntnis verantwortbarer und unverantwortbarer Folgen der Forschung auferlegt werden müßten. Damit würde die freie Forschung eingeschränkt, nicht aber die wissenschaftliche Verantwortung erweitert werden.

Wissenschaftsgerichtshöfe – etwa nach dem Vorbild unseres Bundesverfassungsgerichts – haben unabhängig von ihrer rechtlichen Problematik[142] eine ganz andere politische Stoßrichtung. In der praktischen Auswirkung würde damit mehr die Politik vor das Forum der Wissenschaft als die Forschung vor das Forum des Rechts und der Politik kommen. Daraus resultierte eher eine Anspruchshaltung der Wissenschaft gegen die Politik, um sich Gehör zu verschaffen – was nach dem Beratungsmodell nicht erzwingbar ist, da die Politiker die Ratschläge der Wissen-

---

[142] Vgl. GERD ROELLECKE, Wissenschaft im Kreuzverhör?, in: WENZ, a.a.O. (s. Anm. 137), S. 41 ff.

schaftler ignorieren können –, als eine gegen sich selbst gerichtete wissenschaftliche Verantwortungshaltung. Die ausgedehnte *Ordinarienpamphletistik* der jüngsten Zeit gegen unliebsame politische Entwicklungen belegt diese These über die bereits absehbare Umkehrung der Stoßrichtung, zu der mit der Einrichtung eines offiziellen Forums unnötigerweise beigetragen würde.

(3) Mehr Verantwortlichkeit für die Folgen der Forschung durch Finalisierung der Wissenschaft!

Mit dem wissenschaftstheoretischen Begriff der *Finalisierung*[143] wird der Übergang fortgeschrittener („reifer") Wissenschaften von der Phase autonomer, durch die internen Eigenregulative der wissenschaftlichen Ethik oder Methodik bestimmten Entwicklung in die Phase der „finalisierten", d. h. zweckgebundenen Entwicklung kraft wissenschaftsexterner Zwecksetzung bezeichnet.

Für das Thema der wissenschaftlichen Verantwortung ist hier nicht dieses umstrittene[144] Entwicklungsmodell bedeutsam, sondern ein verführerischer Gedanke, der sich ihm bei etwas freier Auslegung entnehmen läßt: Wenn schon der Wissenschaft seit dem 19. Jahrhundert eher zufälligerweise mehr oder weniger willkürliche Zwecke für „gebundene" statt „uninteressierter" Forschung gesetzt sind, könnte und sollte man ihr vernünfti-

---

[143] Vgl. GERNOT BÖHME, WOLFGANG VAN DEN DAELE und WOLFGANG KROHN, Die Finalisierung der Wissenschaft, Zeitschrift für Soziologie, Bd. 2, 1973, S. 128 ff., sowie die umfangreiche Folgeliteratur, darunter BÖHME ET AL., Die gesellschaftliche Orientierung des Fortschritts – Starnberger Studien I, Frankfurt am Main 1978.

[144] Vgl. KURT HÜBNER ET AL., Hrsg., Die politische Herausforderung der Wissenschaft, Hamburg 1976.

gerweise ebenso gut eine *soziale* Zweckbindung gleich *bewußt* geben. Wenn also Forschung in der modernen, hochindustrialisierten Gesellschaft zwar nicht immer und überall, aber doch zunehmend am Leitfaden externer – privater, politischer, wirtschaftlicher, sonstiger nicht uninteressierter – Zwecke hängt, dann wäre die durch *normative Finalisierung*[145] im Sinne wohlüberlegter Zweckforderungen sozialgebundene Forschung gesellschaftlich erwünscht und wissenschaftlich verantwortbar.

Auch wenn mit dem Finalisierungsprogramm keineswegs die „Politisierung" der Wissenschaft durch direkte politische Forschungslenkung angestrebt werden soll[146], sondern lediglich die allmähliche wechselseitige Annäherung von wissenschaftlichen Erkenntnissen und sozialen Interessen erwartet und gefordert wird[147], ergibt sich daraus für das Verantwortungsthema die Gretchenfrage: Kann Politik – wenn nicht gegen, so doch mit der Wissenschaft – auf dem Wege rationaler Finalisierung wissenschaftliche Verantwortung für die Folgen der Forschung schaffen, wo Moral und Recht allein nichts dergleichen bewirken, wie wir gesehen haben?

Die Frage stellen, heißt sie verneinen – aber nicht aus panischer Furcht vor einer „politisierten", also nach aller Erfahrung partei- statt sozialgebundenen Wissenschaft, sondern aus denselben strukturellen Gründen, die zur Ablehnung des Versittlichungs- und Verrechtlichungs-

---

[145] Vgl. WOLFGANG SCHÄFER, Normative Finalisierung, in: BÖHME ET AL., a.a.O., S. 377 ff.
[146] Wie es den Vertretern der Finalisierungsthese vielfach unterstellt wird – so etwa von einigen Autoren in HÜBNER ET AL., a.a.O.
[147] Vgl. SCHÄFER, a.a.O., S. 391 et passim.

programms geführt haben. Erfolgreiche, d.h. „Zweckentfremdung" wirksam verhindernde Zweckbindung ist nur auf zwei Wegen möglich: *Finalisierung mit den Mitteln des Rechts* durch generelle Forschungsverbote für „unsoziale" oder sozial ungebundene Forschung einerseits, *Finalisierung per Finanzierung* andererseits. Alles andere wäre ein soziales Wunschprogramm ohne politischen, erst recht ohne wissenschaftlichen Hebel, mit dem man die strukturellen Bedingungen des Berufs & Betriebs der verantwortungsfreien Forschung aushebeln könnte. Der Rechtsweg ist bereits diskutiert und für einigermaßen aussichtslos befunden worden. Der Geldhebel ist als nächstes zu untersuchen.

(4) Mehr Verantwortlichkeit für die Folgen der Forschung durch gezielte Finanzierung der Wissenschaft!

Wer forschen will, braucht Geld. Sogar die billigste Wissenschaft der bloßen Papier-und-Bleistift-Forschung mit unbedeutendem Sachmittelaufwand kostet heutzutage – ohne sich wirtschaftlich selbsttragendes oder durch wissenschaftliches Mäzenatentum fremdfinanziertes („gesponsertes" heißt das heute) Privatgelehrtentum – einen beträchtlichen Personalaufwand zum Lebensunterhalt des Forschers. Wer aber zahlt, bestimmt direkt oder indirekt die Bedingungen, zu denen *was, von wem, wie lange* erforscht werden kann. Diese aber sind, im Gegensatz zu den Bestimmungen aller anderen Verantwortungsprogramme, durch eingehend geregelte Bewilligungsverfahren inhaltlich deutlich gefaßt, rechtlich verbindlich gemacht und praktisch durchorganisiert[148].

---

[148] Vgl. PAWLOWSKI, a.a.O. (s. Anm. 138), S. 24.

So könnte die Finanzierungsfrage der Gesellschaft einen höchst wirksamen Hebel zur Gewährleistung wissenschaftlicher Verantwortung für die Folgen der Forschung in die Hand geben – unter drei Voraussetzungen:

Erstens, wenn die Gesellschaft über die Mittelvergabe zu bestimmen hätte.

Zweitens, wenn sie oder ihre Vertreter dies in wenigstens ungefährer Vorauskenntnis der Folgen tun könnten.

Drittens, wenn im Falle der unmittelbaren Zuständigkeit und uneingeschränkten Übersichtlichkeit die Bewilligung der Mittel im Hinblick auf erweiterte Verantwortlichkeit des Wissenschaftlers erfolgen würde – statt wie bisher, entweder sozial ungebunden nach rein wissenschaftlichen Kriterien, oder zweckgebunden nach wirtschaftlichen Kriterien und sonstigen außerwissenschaftlichen Erwägungen aller Art, ausgenommen wissenschaftliche Verantwortbarkeit durch den Forscher.

Mit diesem Hebel wird heutzutage viel Forschung ausgehebelt, aber am allerwenigsten – und dann eher zufällig – diejenige Wissenschaft, welche ihre Verantwortung nach der Ethik des Wissens bemißt und gemäß Kompetenz und Reputation des Wissenschaftlers abwickelt. Dafür sorgt schon das in fast jedes Bewilligungsverfahren für freie Forschung eingeschaltete *Gutachterwesen,* mit dem wir zumindest in der Universitätswissenschaft wieder beim Ausgangspunkt angelangt sind[149]: Verantwortung

---

[149] Nicht nur im Hinblick auf die Regelung der Verantwortlichkeit – wie gesagt: für die Güte des Wissens anstatt den Folgen der Forschung – ist die *Forschungsförderung* durch außeruniversitäre Einrichtungen (Deutsche Forschungsgemeinschaft, Volkswagen Stiftung, u. dgl.) keine Altenative zum akademischen (und vielfach auch industriellen) Wissenschaftsbetrieb, sondern eine *Parallelerscheinung,* welche dessen Geschäftsordnung dupliziert.

des Wissenschaftlers für die Wissenschaft, nicht für deren außerwissenschaftliche Folgen!

(5) Mehr Verantwortlichkeit für die Folgen der Forschung durch Verstaatlichung oder Vermarktung der Wissenschaft!
Der Vollständigkeit halber sollen noch zwei weitere Möglichkeiten erwähnt werden, welche in der laufenden Verantwortungsdiskussion zu Recht oder zu Unrecht nur eine Nebenrolle spielen.

Unter dem Gesichtspunkt der zu erweiternden wissenschaftlichen Verantwortung gilt das mit vollem Recht für das *Verstaatlichungsprogramm*, wie es kürzlich für die gesamte Pharmaforschung gefordert worden ist. Nur die öffentliche Organisation der Forschung – was wohl auf deren Verstaatlichung hinauslaufen würde, auch wenn das nicht ausdrücklich gesagt wird – könne diese dazu bringen, sich in Verantwortung für das Ganze „an den

---

Das Drehen im Kreise bis zurück zum Ausgangspunkt ist wörtlich zu verstehen: Wer an der Universität institutionell aufläuft und außeruniversitäre Forschungsförderung in Anspruch nehmen möchte, stößt dort grundsätzlich – gelegentlich sogar in Person – auf dieselben Verteter des wissenschaftlichen Establishments, die ihm an der Universität den *EdK-Fall* (Juristenjargon für das „Ende der Karriere") bereitet haben. Für den keiner anerkannten „Schule" angehörigen „Unabhängigen" (s. Anm. 32) ist das keine Alternative, sondern die Guillotine in Musilscher Paralleaktion.

Das hat Rückwirkungen auf die heutige Wissenschaft als Beruf & Betrieb. Die akademische Wissenschaftsforschung, die sich damit – wie man annehmen könnte – intensiv beschäftigen müßte, macht einen großen Bogen um diese heiklen Fragen der wissenschaftlichen Selbststeuerung durch Realpolitik. Vor den Institutionen verläßt die wildesten Wissenschaftskritiker aller Mut. Sie oszillieren (wie FEYERABEND), antichambrieren, retirieren, werden vom Zunftgeist absorbiert oder neutralisieren sich selber. So ist der Kritische Rationalismus untergegangen, aber keineswegs nur er allein...

gesellschaftlichen Interessen zu orientieren"[150]. Der Übergang von der individuellen zur gesellschaftlichen Wissenschaft der *Sozialpharmakologie* hätte demnach zweifach zu geschehen: auf der praktisch-politischen Ebene durch Übernahme der Forschung in die öffentliche Hand, auf der theoretisch-wissenschaftlichen Ebene durch Erweiterung des begrifflichen Bezugsrahmens um die gesamtgesellschaftliche Dimension[151].

Wenn die politische Maßnahme der Verstaatlichung das eine, der theoretische Rückgriff auf die Wissenschaftssoziologie (insbesondere *Kuhns*, wie auch beim Finalisierungsprogramm) das andere, beides im Zusammenspiel eine Umorientierung der Forschung auf gesamtgesellschaftliche Ziele bewirken soll, ist im Hinblick auf eine erweiterte wissenschaftliche Verantwortung für die Folgen der Forschung eher das Gegenteil zu erwarten. Das Verstaatlichungsprogramm bewirkte allenfalls eine Bürokratisierungstendenz mit zunehmender Beamtenherrschaft[152], von der mehr Verantwortlichkeit im Sinne des persönlichen Tragens verursachter Folgen nach allen geschichtlichen Erfahrungen und sachverständigen Überle-

---

[150] SIGURD VON INGERSLEBEN, Die praktische Bedeutung des Wissenschaftsverständnisses der Pharmakologie, AMI Berichte 2/1979, hrsg. vom Institut für Arzneimittel des Bundesgesundheitsamtes, Berlin 1979, S. 4.
Diese Dissertation hat in der Medizin und Pharmazie großes Aufsehen erregt und eine bis heute anhaltende Diskussion ausgelöst, welche jedoch kaum an die Öffentlichkeit gedrungen ist. Vgl. die spärlichen Äußerungen durch G. KIENLE, CHR. REHM, H. GAREIS und S. V. INGERSLEBEN unter dem Titel „Sozial-Pharmakologie?", in: Münchener Medizinische Wochenschrift, Bd. 121, 1979, S. 1705f., sowie Bd. 122, 1980, S. 177ff.
[151] Vgl. INGERSLEBEN, a.a.O., S. 28ff. et passim.
[152] Siehe S. 57ff. und Anm. 55.

gungen nicht zu erwarten ist. Der Rückgriff auf die soziologische Wissenschaftsauffassung *Kuhns* aber bedeutete für die Verantwortungsfrage ein Rückschritt im hier entwickelten Argumentationsgang bis zum Ausgangspunkt der reinen Ethik des Wissens, d. h. auf die innerberufliche und innerbetriebliche Regelung der wissenschaftlichen Verantwortung über die Kompetenz und Reputation des Wissenschaftlers für seine Wissensbeiträge, ohne jegliche Einbeziehung der außerwissenschaftlichen Folgeproblematik.

Im Gegensatz zur Verstaatlichung gibt es bei uns – abweichend von den Vereinigten Staaten mit ihrem wohlausgebauten System der Privatuniverstitäten, deren Fakultäten sich im Leistungswettbewerb um zahlende Studenten auf dem akademischen Markt behaupten müssen – kaum echte *„Vermarktung"* der Wissenschaft im Sinne einer marktmäßigen Vollsteuerung von Forschung & Lehre über Angebot und Nachfrage an offenen Märkten für freies Wissensunternehmertum, mit funktionfähigem Wettbewerb und freier Preisbildung für wissenschaftliche Erkenntnis- und Verantwortungsleistungen. Soweit es die Wissenschaft *als Markt* gibt – insbesondere für die industrielle Verwertung und verlegerische Veröffentlichung des kognitiven *outputs* –, bringt sie keine Erweiterung der wissenschaftlichen Verantwortung für die Folgen der Forschung durch persönliches finanzielles Folgetragen „unternehmerischer" Forscher. An den aufgezeigten Geschäftsbedingungen des Berufs & Betriebs ändert sich dadurch nichts.

Für die marktwirtschaftliche Lösung der Verantwortungsfrage fehlt schlechterdings alles: erstens ein *Konkurrenzmarkt* mit fairen Wettbewerbsbedingungen für alle zur Teilnahme hinreichend Motivierten, Talentierten und durch Fachbildung Qualifizierten; zweitens der als *Wissenschaftsunternehmer* tätige privatwirtschaftliche Gelehrtentypus; drittens der *Leistungswettbewerb* um wissenschaftliche Verantwortung, mit Belohnungen für diejenigen, welche *mehr* Verantwortung tragen wollen, können, müssen.

Als *Markt* gesehen, bietet die Universitätswissenschaft ein Zerrbild mit unanständig guten Wettbewerbsbedingungen für die einen, unanständig schlechten für die anderen. Einseitig verzerrt sind sie, weil der *Staat* zwar für (fast, mit Ausnahme der nun auch in der Bundesrepublik langsam anlaufenden Gründung von Privatuniversitäten) alle Universitätswissenschaftler Nachfragemonopolist ist, davon aber nur einen Teil massiv subventioniert. Dem monopolistischen Nachfrager – und Betriebsmitteleigner, so daß *Max Weber* mit Recht von verbrämtem Staatskapitalismus sprach – *Staat* steht auf der Angebotsseite die *gespaltene Wissenschaft der „zwei Märkte"* gegenüber (um nicht von „Klassen" reden zu müssen), auf denen höchst unterschiedliche Bedingungen herrschen. In der Wissenschaft der Beamten (einschließlich Festangestellten) ist der mäßig betriebene Leistungswettbewerb auf den *Originalitätsanspruch* eingeschränkt, der durch die Erstveröffentlichung von neuen Erkenntnissen gesichert werden soll. Im „Hasardbetriebe des akademischen Wesens" der Privatdozenten (einschließlich der fast 50.000 Inhaber von Zeitverträgen mit eingebauter *leistungsunabhängiger* Guillotine) herrscht zusätzlich zum Originalitätswettbewerb ruinöse Konkurrenz um die wenigen offenen Stellen, die – wenn überhaupt – nicht ausschließlich nach Leistungskriterien vergeben werden. Niemand hat diese heute wieder aktuellen Verhältnisse des „Hasardbetriebs" klarer gesehen als *Max Weber*, der sie jedoch mit dem bösen Wort über den Privatdozenten auf den Kopf stellt: „Hat man ihn einmal, so wird man ihn nicht mehr los"[153]. Nichts leichter als das...

Der Staat verursacht diese Wettbewerbsverzerrungen, indem er gegen den hochsubventionierten Beamtenwissenschaftler den Privatdozenten als „beliehenen Unternehmer" – beliehen mit einer Lehrbefugnis, ja Lehrverpflichtung ohne Entgelt! – zu einem marktwirtschaftlich nicht gewinnbaren Wettbewerb antreten läßt. Der Staat verschlimmert die Verhältnisse noch weiter, indem er seine Monopolmacht infolge rechtlicher Selbstfesselung gegenüber der ohnehin etablierten Ordinarienwissenschaft *nicht* ausspielt. Und das bißchen freie (d. h. außerstaatliche) Nachfrage verschließt diesen Markt vollends für das freie Wissenschaftsunternehmertum, indem sie sich im Zweifel für das Angebot mit dem höchsten Status, d. h. für Prestige- statt Leistungswerte entscheidend. Das Wichtigste an Gutachten – dem einzigen sowohl stark nachgefragten als auch gut honorierten „Nebenprodukt" des wissenschaftlichen Angebots für den freien Markt – ist der Status des Unterzeichneten, der mit dem Verfasser nicht einmal unbedingt identisch sein muß.

Von insgesamt gesehen unbedeutenden Marktnischen abgesehen, kann es aus diesen strukturellen Gründen heutzutage Wissenschaft als Beruf in der marktwirtschaft-

---

[153] MAX WEBER, Wissenschaft als Beruf, a.a.O. (s. Anm. 22), S. 583; zum „Hasard" anstelle der „Tüchtigkeit" als Karrierefaktor S. 585; zum „Hasardbetriebe des akademischen Wesens" sein Brief vom 8. September 1914, abgedruckt in EDUARD BAUMGARTEN, Max Weber, Tübingen 1964, S. 492.

lichen Erscheinungsform des *selbständigen Unternehmertums* nicht geben. Nachdem das *private Mäzenatentum* aus historischen Gründen entweder unbedeutend oder unwirksam geworden ist[154], verbleiben lediglich die beiden restlichen Möglichkeiten des *staatlichen Beamtentums* und des *industriellen Angestelltentums*. Für diese gesellschaftliche *unselbständige* Wissenschaft gibt es damit keinerlei geistiges Gegengewicht durch selbständige Elemente mehr, wie es früher einmal der finanziell unabhängige Privatgelehrte war. Damit aber entfällt die wichtigste soziologische Randbedingung für die von der Wissenschaft erwartete, aber kam noch erbrachte *Bereitschaft zur Fundamentalkritik* – zur Überprüfung ihrer eigenen Voraussetzungen und eingetretenen Folgen.

Das betrifft auch das zur Zeit am meisten diskutierte und am wenigsten geklärte – sagen wir ruhig: verstandene – Verantwortungsthema der gegenwärtigen Wissen-

---

[154] Auf den ersten Blick gesehen, wird meine These durch RAINER SPECHTS empirische Feststellung eines „in vieler Hinsicht erstaunlich" starken Wissenschaftsmäzenatentums der Gegenwart widerlegt (Mäzenatentum, in dem in Anm. 138 genannten Sammelband, S. 85). – Näher betrachtet, bleibt nicht viel davon übrig, jedenfalls für den hier angesprochenen Problemzusammenhang. *Quantitativ* entfällt der Löwenanteil auf „das unfreiwillige Mäzenatentum des deutschen Steuerzahlers" (S. 87), welches aus den in Anm. 149 genannten Gründen keine Alternative zum Staatskapitalismus der Universitätswissenschaft eröffnet. *Qualitativ* beurteilt, verteilt sich der Rest hauptsächlich auf zwei *wissenschaftsphilanthropische* Förderungsmaßnahmen für unreife Juniorenwissenschaft (durch Promotionsstipendien, u. dgl.) und überreife Honoratiorenwissenschaft (XY-Preis für Professor Dr. Drs. h. c. ...). Das sind flankierende Maßnahmen zum vorherrschenden Wissenschaftsbetrieb, an dem sich dadurch nichts ändert, was das unternehmerische Element und die wissenschaftliche Verantwortung stärken könnte.

schaftskritik, die zwar radikal, aber nicht fundamental ist. Was unter den genannten wirtschaftlichen Sonderbedingungen an echter Leistungskonkurrenz noch übrigbleiben mag, erweitert nicht die wissenschaftliche Verantwortlichkeit. Es gibt keinen funktionsfähigen Wettbewerb um eine größere Verantwortung des Forschers in der Wissenschaft sowie der Wissenschaft in der Gesellschaft. Dazu gibt es kein nennenswertes Angebot an Verantwortungsleistungen. Und wenn es dies gäbe, wäre keine Nachfrage dafür vorhanden, die es honorierte. Mit freiwilliger Verantwortungsübernahme, wenigsten für die Folgen der eigenen Forschung, kann kein Nachwuchswissenschaftler seine Chancen verbessern. Dafür hat der Staat kein Geld und der Markt kein Organ.

So wird anstelle der wissenschaftlichen Verantwortung weiterhin allenfalls das Endprodukt der Wissenschaft vermarktet: die *Ware Wissen* in ihrer geldwerten Funktion als Produktions- oder Unterhaltungsmittel. Wissen als solches, das Information und nichts als Information ist – altmodisch „Erkenntnis" genannt und zur „Aufklärung" gebraucht –, hat keinen Markt, am allerwenigsten in der Wissenschaft. Woher sollte er auch kommen, ohne faire Wettbewerbsbedingungen für freies Unternehmertum?

(6) Mehr Verantwortlichkeit für die Folgen der Forschung durch „Veröffentlichung", d. h. Offenheit und Öffentlichkeit der Wissenschaft!

Nach Lage der Dinge bleibt für das Bestreben, die Folgeproblematik der Wissenschaft durch erweiterte Verantwortlichkeit des Wissenschaftlers statt durch erkenntniseinschränkende Forschungsverbote in den Griff zu bekommen, als letzte Möglichkeit die *volle Veröffentlichung der Wissenschaft* in ihrer ganzen Bandbreite: vom ersten Schritt der Problemstellung über die theoretische Problemlösung bis zur praktischen Anwendung und ihren Folgen. Das ist meines Erachtens der einzige, noch schwache aber ausbaufähige Weg zu mehr Verantwortung des Wissenschaftlers für die Folgen der Forschung.

Mit „Veröffentlichung" ist hier allerdings mehr gemeint als die bisher wenigstens für die Universitätswissenschaft übliche Publikation der Forschungsergebnisse, vor allem der theoretischen Erkenntnisse und des bei deren innerwissenschaftlicher Überprüfung angefallenen Kontrollwissens. Denn die außerwissenschaftlichen Folgen der Forschung sind größtenteils vom Publikationsprozeß in der Wissenschaft ebenso abgeschnitten wie vom Reputationsprozeß des Wissenschaftlers, und zwar aus denselben Gründen. Da dem Forscher als solchem die Folgen der Forschung nicht zugeschrieben werden – sondern der Politik oder der Wirtschaft, allenfalls noch der Wissenschaft insgesamt, als Gesamtschuldner sozusagen –, erhält er dafür keine persönliche Reputation und erstrebt folglich auch keine diesbezügliche Publizität, selbst wenn er etwas zu publizieren hätte.

Für den Wissenschaftler ist Reputation die Geschäftsgrundlage der Publikation. Diese entfällt gemäß der Ethik des Wissens, wenn die fachwissenschaftliche Anerkennung für einschlägige Leistungen ausbleibt. Das wäre aber bei der (deswegen auch regelwidrigen) Übernahme von Verantwortung für die Folgen der Forschung der Fall, an dem die bisher übliche Form der nur teilveröffentlichten Wissenschaft an ihre Grenze stößt.

Aber das muß nicht so sein. Zwar besteht wenig Neigung in der Wissenschaft, die eigene Verantwortung auf die Folgen der Forschung auszudehnen. Das ist um so weniger zu erwarten, je stärker sie als möglicherweise zu verantwortende Risiken zu Buche schlagen. Wenn jedoch *von anderer Seite* die Folgeproblematik zum Gegenstand der Untersuchungen gemacht und durch Veröffentlichung in den wissenschaftlichen Informationsprozeß eingespeist werden könnte – Gegeninformation zum Theorienwissen und Zusatzinformation zum innerwissenschaftlichen Prüfwissen –, würde das die Lage wesentlich ändern.

Die Reputation des Forschers bliebe von positiven oder negativen Untersuchungsergebnissen nicht unberührt, welche er von nun an in seine Überlegungen einbeziehen müßte. So könnte *die Folgeproblematik der Forschung allmählich auf die Kompetenzverleihung und Reputationsverteilung in der Wissenschaft und der damit befaßten Öffentlichkeit durchschlagen!* Das Ergebnis wäre die angestrebte *erweiterte Verantwortlichkeit* des Wissenschaftlers für die Folgen seiner Forschung.

Die Folgeproblematik von „anderer", d.h. außerwissenschaftlicher Seite aufgreifen und auf dem Umweg der Öffentlichkeit in die Überlegungen der Wissenschaft, damit aber in die Verantwortlichkeit des Wissenschaftlers hineinzubringen, kann mangels sonstiger geeigneter Institutionen, Organisationen, Personen (unabhängiger Privatgelehrter als Wissensunternehmer zum Beispiel) heutzutage nur der *Journalismus* – in seiner bereits erläuterten Funktion, welche zu diesem Zweck allerdings noch erheblich aktiviert werden müßte. Ansätze dazu sind vorhanden, insbesondere im Gerichtsjournalismus, der jetzt schon gelegentlich dafür sorgen kann, daß die Folgen von wissenschaftlichen Gutachten auf Kompetenz und Reputation des Wissenschaftlers zurückwirken, im Guten oder Schlechten.

Mit diesem für beide Seiten unkonventionellem Schlußgedanken schließt sich der Kreis meiner Argumentation von der weiterhin *selbständigen Wissenschaft* zum nunmehr *eigenständigen Wissenschaftsjournalismus*, verbunden durch beider Beiträge zum gesellschaftlichen Problemlösungsprozeß. Das ist, zugegeben, ein unfertiges Konzept, welches im einzelnen weiter auszuarbeiten wäre. Hier will ich das nur noch für die Frage der wissenschaftlichen Verantwortung tun, auf die nun eine abgestufte Antwort gegeben werden kann.

*3. Die zweistufige wissenschaftliche Verantwortung:
Individuelle Verantwortlichkeit des Wissenschaftlers
im Fach mit seiner Reputation,
kollektive Verantwortlichkeit der Wissenschaft
in der Gesellschaft mit ihrer Legitimation*

Die Strukturanalyse der Geschäftsbedingungen von Wissenschaft als Beruf & Betrieb hat hinsichtlich einer moralischen, rechtlichen, politischen, sozialen Verantwortung des Wissenschaftlers zu einem durchweg negativen Ergebnis geführt:

Mangels eines verhaltenswirksam verpflichtenden, mit dem wissenschaftlichen Belohnungssystem der Reputationsverteilung verbundenen Ethos gibt es – bis jetzt jedenfalls – *keine moralische Verantwortlichkeit* des Wissenschaftlers für die Folgen der Forschung, sondern nur eine methodische für die Güte des Wissens.

Mangels rechtlicher Kodifizierung, welche über unverbindliche Generalklauseln einer Gesetzgebung gesellschaftlicher Wünschbarkeiten hinausgeht, gibt es *keine rechtliche Verantwortlichkeit* (von Bereichen mit etwas fortgeschrittenerer Gesetzgebung und Rechtsprechung abgesehen, wie etwa in der Medizin).

Mangels direkter Beteiligung am Entscheidungsprozeß, welche über die unerzwingbare Beratung von Politikern und Parteien hinausgeht, gibt es *keine politische Verantwortlichkeit*.

Mangels vernünftiger, d. h. allgemein einsehbarer Bestimmung und wissenschaftlicher Befolgung gesellschaftlicher Zwecke gibt es *keine soziale Verantwortlichkeit*.

Daraus ergibt sich das alte System *wissenschaftlicher Führung ohne praktische Verantwortlichkeit* für die Folgen. Daran werden Ethikkommissionen, Wissenschaftsgerichtshöfe, Beratungsmodelle oder Finalisierungsprogramme kaum etwas ändern können.

Die Frage, ob eine wissenschaftliche Verantwortung für die außerwissenschaftlichen Folgen der Forschung und die Verwissenschaftlichung der Gesellschaft *wünschenswert* sei, stellte sich bislang überhaupt nicht – oder allenfalls für „Moralisten" der Wissenschaft, welche der Wirklichkeit lediglich subjektive Wünschbarkeiten entgegenzustellen haben –, da sie in der überkommenen Ethik des Wissens keine Geschäftsgrundlage hatte, von Realisierungschancen ganz zu schweigen. Was unter diesen Umständen dem Wissenschaftskritiker zu tun übrigblieb, war der Appell an das persönliche Gewissen des Wissenschaftlers, um ihn von seinem normalen „Geschäft" *abzubringen*.

Dem moralisch überdurchschnittlich interessierten und

qualifizierten Wissenschaftler bleibt es natürlich auch unter den alten Bedingungen unbenommen, persönliche Verantwortung für die Wissenschaft oder zumindest seinen eigenen wissenschaftlichen Beitrag tragen zu wollen. Er wird damit jedoch auf die Verhältnisse innerhalb und außerhalb der Wissenschaft kaum Einfluß nehmen können, da er über keine strukturverändernden Einwirkungshebel verfügt. Mangels ernstlicher Drohmöglichkeit mit Abwanderung aus der Wissenschaft bleibt sein Einspruch gegen die Wissenschaft schwach[155]. Wissen ist eben nur Information, nicht Macht, solange die Theorie von der Praxis getrennt ist und Ideen nicht durch Interessen gestützt sind.

Angesichts der in den meisten Darlegungen der Verantwortungsfrage vorherrschenden Alternative – *entweder* Allzuständigkeit und Allesverantwortlichkeit des Wissenschaftlers für alles, was in der verwissenschaftlichten Gesellschaft vor sich geht, *oder* Unzuständigkeit und Unverantwortlichkeit für die Folgen der Forschung – scheint die strukturelle Analyse im Gegensatz zur moralischen Anklage nur zu dem üblichen, banalen Ergebnis führen zu können: Der Wissenschaftler ist ein Mensch wie du und ich, der für die Wissenschaft vor der Gesellschaft nicht mehr, aber auch nicht weniger Verantwortung zu tragen hat *wie jeder andere Bürger auch!*[156] Als solcher kann er mit

---

[155] Das ist eine Schwachstelle der HIRSCHMANschen *voice*-Reaktion (s. Anm. 64), wenn sie auf sich allein gestellt ist (zur Kritik vgl. ULRICH FEHL, Abwanderung und Widerspruch, ORDO, Bd. 29, 1978, S. 402ff.). – Der Grund dafür liegt in der bereits erwähnten Sanktionsschwäche der Gegeninformation (siehe oben, S. 69).
[156] So ausdrücklich MOHR, Homo investigans (s. Anm. 10), S. 6, der jede *besondere* Verantwortlichkeit des Wissenschaftlers verneint (S. 12) und alle Verantwortung nach dem Gießkannenprinzip über

seiner Stimme über die Anwendung der Wissenschaft mitentscheiden und hat diese insoweit auch mitzuverantworten.

Aber das wäre eine falsche Schlußfolgerung, vorschnell gezogen, bevor die Analyse bis zur letzten Konsequenz durchgeführt worden ist. Strukturbetrachtungen müssen konsequenterweise auch Funktionsuntersuchungen sein. Die politische Stellung des Wissenschaftlers entspricht in der Tat, wahlarithmetisch gesehen, der eines gewöhnlichen Bürgers: ein Mann, eine Stimme! Auch die Tatsache, daß sich die Wissenschaftselite in der Demokratie zur *Machtelite* zählen darf[157], ändert die Lage nicht grundsätzlich. Denn das gilt ebenso für die Wirtschafts- oder Verwaltungselite, ja sogar für die journalistische Medienelite[158]. Entscheidend für die Einstufung des Wissenschaftlers in die Verantwortungsstruktur ist die Funktion der Wissenschaft. Diese aber hat sich, wie erläutert, aufgrund des gestiegenen Beitrag zur Modernisierung der Gesellschaft mit dem Verwissenschaftlichungsprozeß geändert.

In einem Punkt ist ja die Verantwortungsfrage für den Wissenschaftler unter den alten Geschäftsbedingungen

---

die „mündigen Staatsbürger" verteilt: „Die Verantwortung für die Nutzung von Erkenntnis... kann eine demokratische Gesellschaft nur als Ganzes übernehmen" (S. 6). – Niemand also, im Klartext gesprochen! Die fachliche Verantwortung der Wissenschaft, erst recht jede persönliche Verantwortlichkeit des Forschers, verrinnt großflächig im Sand des „Ganzen". Dieses kollektive Verteilungsprinzip ist ein *Verantwortungsvermeidungsprinzip*.

[157] Vg. GERD ROELLECKE, Entwicklungslinien deutscher Universitätsgeschichte, Aus Politik und Zeitgeschichte – Beilage zur Wochenzeitung „Das Parlament", B 3-4/84 vom 21. Januar 1984, S. 3 ff., speziell S. 5.

[158] Vgl. HOFFMANN-LANGE und KLAUS SCHÖNBACH, a.a.O. (s. Anm. 82).

positiv beantwortet worden. Er hat die Verantwortung für den wissenschaftlichen Wert seiner Erkenntnisse zu tragen, der sich als Gewinn oder Verlust in seiner Reputationsbilanz niederschlägt. Diese Verantwortlichkeit des Wissenschaftlers beschränkt sich auf das Wissen, ist aber innerhalb dieser Grenzen *ebenso ausbaufähig wie das Wissen selber*. Sie wächst grundsätzlich mit dem Grade der Verwissenschaftlichung, entsprechend dem steigenden Wissensanteil an den gesellschaftlichen Prozessen der Produktion, Entscheidung, Steuerung, welchen der Wissenschaftler beigetragen und zu vertreten hat.

Das ist die *erste Stufe* der wissenschaftlichen Verantwortung. Es ist die individuelle Verantwortung des Wissenschaftlers für seinen Wissensbeitrag, die sich praktisch über den Reputationsprozeß abwickelt.

Da die Beurteilung der außerwissenschaftlichen *Folgen der Forschung* von der Verleihung wissenschaftlicher Reputation abgetrennt ist, ist volle Verantwortlichkeit nur als *zweistufiges Verfahren* denkbar. Zwar kann, wie ich zu zeigen versuchte, die Folgeproblematik auf Umwegen in den Reputationsprozeß einbezogen werden. Bis es soweit ist und weil es vollständig wohl nie sein wird, muß auf der *zweiten Stufe* für die Folgen der Forschung ein anderes Verantwortungsverfahren in Tätigkeit treten. Das kann nur der *Legitimationsprozeß* sein, durch den der Wissenschaft von der Gesellschaft ihre politische Legitimation zugewiesen oder entzogen wird – also der rechtfertigende, stützende, letztlich auch finanzierende *Glaube* an die geschichtliche Richtigkeit (Berechtigung, Rechtmäßigkeit) und Wichtigkeit (Bedeutung) der Wissenschaft in der modernen Welt.

Die Einschätzung der Folgen der Forschung durch die

Betroffenen – also die Gesellschaft insgesamt oder Teilen davon, in jedem Fall überwiegend *Laien* – wird sich in der öffentlichen Legitimationsgrundlage niederschlagen, welche der Wissenschaft verliehen oder genommen wird. Das ist jedoch ein *grober* Kontrollmechanismus, welcher noch undifferenzierter einwirkt und unzuverlässiger arbeitet als derjenige des Reputationsprozesses. Daraus ergibt sich keine individuelle Verantwortlichkeit des für ein bestimmtes Forschungsprojekt vielleicht persönlich verantwortlichen Wissenschaftlers, sondern allenfalls eine *kollektive Verantwortlichkeit* der Wissenschaft als Gesamtunternehmen – mit allen Ungerechtigkeiten und Unwägbarkeiten einer solchen Verbindung von Wissen mit Moral oder Politik.

Der gesellschaftliche Legitimationsglaube ist ein vielschichtiger Ausdruck der Öffentlichen Meinung, welcher sich nach Gießkannenart als ein warmer oder kalter Regen über Gerechte und Ungerechte ergießt, die für vermeintliche Fehlentwicklungen der Wissenschaft als Gesamtschuldner zur Rechenschaft gezogen werden, bei Strafe des Legitimations- und letztlich Ressourcenentzugs. Nach allen Erfahrungen handelt es sich hierbei um einen sehr *lockeren, lückenhaften Lernprozeß*, bei dem der Zusammenhang von Leistung und Sanktion, speziell von Fehlleistung und Strafreaktion, uneindeutig und schwach, außerdem manipulierbar und suspendierbar ist.

Zwischen der Erfolgsbilanz der Wissenschaft und der Legitimationsbilanz der Gesellschaft besteht keine direkte, eindeutige, leistungsgerechte Verbindung. Die dadurch geschaffene, in der Währung der Legitimation ausgezahlte Verantwortlichkeit der Wissenschaft für die Folgen der Forschung ist eine *politisch beeinflußbare Größe*, mit weitem Spielraum für willkürliche Gewinn- und Verlustzuweisungen. Bilanzbuchhalterisch gesagt, schließt die Legitimationsbasis der Wissenschaft auch fiktive Buchgewinne und -verluste ein, welche die Zuschreibung von Verantwortung für bestimmte Fehlleistungen selber fehlerhaft machen.

Das könnte anders sein, wenn die Wissenschaft genügend *Sensibilität* für den gesellschaftlichen „Legitimationsanzeiger" aufbrächte, um wenigstens ihre kollektive Verantwortlichkeit so weitgehend wie möglich wahrzunehmen. Bis zur individuellen Verantwortung des rechenschaftspflichtigen Wissenschaftlers wird das praktisch sowieso kaum gehen. Wie eine solche Verfeinerung und Verstärkung des Legitimationsverfahrens konkret zu erreichen wäre, ist ein Problem der Wissenschaftspolitik, mit dem sich die Wissenschaftsphilosophie, -soziologie und -ethik noch nicht ernstlich befaßt haben.

Eine eingehende Untersuchung hätte dann auch die Frage der „Durchgriffshaftung" von der kollektiven bis zur individuellen Verantwortlichkeit zu prüfen. In dieser Hinsicht läßt meines Erachtens der Ausbau der *ersten Stufe* mehr erhoffen, den die Wissenschaft allerdings nicht aus eigener Kraft allein vornehmen kann. Ohne Journalismus und andere Formen kritischer *Wissenschaftsreportage* geht es nicht. Auf der zweiten Stufe der Verantwortung wird – mehr aus Unsensibilität für die Anzeichen als Unzugänglichkeit für die Probleme – die Verbesserung des Legitimationsverfahrens von der Wissenschaft verhindert, indem sie angezeigte Legitimitätsverluste nie als aufschlußreiche *Gegeninformation* aus dem außerwissenschaftlichen Bereich betrachtet, sondern als Ausfluß unverständiger, unzuständiger Wissenschaftskritik aus Laienperspektive.

Von den Folgen der Forschung sind überwiegend Laien betroffen, und sie haben in diesem Punkt über die Legitimität der Wissenschaft zu befinden.

Zusammengefaßt, besagt die hier vorgeschlagene *Zweistufenlehre* der wissenschaftlichen Verantwortung: Für die Ergebnisse und die Folgen der Forschung & Lehre besteht in der Wissenschaft eine abgestufte Verantwortlichkeit. Auf der *ersten, individuellen Stufe* gibt es die innerwissenschaftliche Verantwortung jedes Wissenschaftlers mit seiner persönlichen *Reputation* für das ihm zugeschriebene Wissen, nicht aber für dessen praktische Folgen. Diese lassen sich, wenn überhaupt, nur mittelbar und teilweise in die individuelle wissenschaftliche Verantwortlichkeit einbeziehen. Dazu bedarf es der bislang nur ansatzweise bestehenden Zusammenarbeit von Wissenschaft, Journalismus und Öffentlicher Meinung im Rahmen des gesellschaftlichen Problemlösungsprozesses.

Auf dieser Stufe gibt es keine wissenschaftliche Verantwortung vor der Gesellschaft, also *keine politische Verantwortlichkeit* für das Wissen und dessen Folgen. Insoweit ist Wissenschaft ein System kognitiver Führung ohne soziale Folgeverantwortung. Aber wie ist Führung ohne Verantwortung möglich? Führung durch Wissen ohne damit verbundene Entscheidungsbefugnisse und Handlungsmöglichkeiten ist meines Erachtens *nur so* möglich! Sonst würde das Wissen dem Handeln nicht vorausgehen können.

Auf der *zweiten, institutionellen Stufe* gibt es eine kollektive Verantwortlichkeit der ganzen Wissenschaft mit ihrer gesellschaftlichen *Legitimation* für die außerwissenschaftlichen Folgen der Forschung, soweit sie wissensbedingt und wissenschaftlich beeinflußbar sind. In dem Maße, als dies der Fall ist, entwickelt sich die in demselben Grade „mitwachsende" (gegebenenfalls auch mitschrumpfende) Verantwortung auf der Legitimationsstufe, künftig vielleicht auch auf der Reputationsstufe. Im Gegensatz zum wissenschaftlichen Erkenntnisfortschritt ist der Verantwortungsfortschritt kein Selbstgänger, der automatisch in dieser Richtung weiterläuft. Erweiterte wissenschaftliche Verantwortung erfordert *strukturelle Reformen* in der Wissenschaft und ihrem sozialen Umfeld.

Veränderungsbedürftig, aber auch veränderungsfähig erscheint mir vor allem die wissenschaftliche Verantwortung erster Art, die als *fachliche Verantwortlichkeit für den eigenen Beitrag* zum Lauf der Dinge bezüglich der Folgeproblematik zu erweitern wäre. Was ich damit meine, sei zum Schluß anhand eines historischen Beispiels aus der jüngsten deutschen Geschichte erläutert.

In der langen Kontroverse um die Verantwortlichkeit deutscher Generäle – den Wissenschaftlern der Kriegsführung im Generalstab sozusagen – für den Verlauf des Zweiten Weltkriegs hat der junge englische Historiker *Matthew Cooper*[159] in seiner Darstellung ihres politischen *und* militärischen Versagens eine bemerkenswerte Kritik an der traditionellen Militärelite geübt, welche den entscheidenden Punkt betrifft, auf den es mir auch bei der wissenschaftlichen Verantwortungsfrage ankommt. Sinngemäß verstanden, läßt sich dieser Episode der deutschen Militärgeschichte folgende Lehre für die Wissenschaft entnehmen:

---

[159] Vgl. MATTHEW COOPER, The German Army 1933–1945, London 1978, passim.

Von Militärs – und ich füge gleich hinzu: wie auch von Wissenschaftlern – kann man besondere moralische Verantwortungsleistungen ebensowenig verlangen wie politische Verantwortlichkeit überhaupt. Beides stellt Anforderungen, welche nicht zur speziellen Grundausstattung von Fachleuten des Krieges (oder, in meinem Fall, des Wissens) gehören. Das haben sie nicht gelernt und nicht geübt, dafür sind sie weder ausgebildet noch eingesetzt. Da wäre ihnen also wenig vorzuwerfen – jedenfalls nicht mehr als anderen auch in vergleichbarer Elitestellung.

Was man den deutschen Spitzenmilitärs nach *Cooper* vorhalten kann und ohne Abstriche gegen ihre damalige Funktionsausübung in Beruf & Betrieb der deutschen Armee einwenden muß, ist ihre *fachliche Unverantwortlichkeit*. Die Generäle haben vielfach in ihrem ureigenen Fach, als Fachleute für militärisches Wissen, versagt, indem sie militärische Befehle der politischen Führung wider besseres Fachwissen ausgeführt haben. Indem sie so das militärisch Falsche gemacht haben, sind sie ihrer fachlichen Verantwortung nicht nachgekommen.

Derselbe Maßstab strikter fachlicher Verantwortlichkeit für kompetent zu vertretendes Fachwissen ist auch an den Wissenschaftler anzulegen – nicht mehr, aber auch nicht weniger! Geht dieses Wissen in die Gesellschaft, erstreckt es sich auf die Folgen der Forschung, muß die Verantwortung gleichziehen. Das wäre eine weiterhin *fachlich streng begrenzte*, aber *inhaltlich durch Mitwachsen mit dem Wissen erweiterte wissenschaftliche Verantwortung* auf der Höhe des derzeitigen Verwissenschaftlichungsprozesses.

Namenregister

Albert, H. 80
Anand, H. R. 17, 134
Arnold, H. L. 96

Ballmer, Th. T. 3, 37
Baumgarten, E. 150
Becker, H. S. 120
Bell, D. 9
Berghahn, K. L. 94
Böhme, G. 142
Boventer, H. 14
Brecht, B. 21, 22, 49, 57, 95, 103

Conze, W. 16
Cooper, M. 163

Daele, W. van den 142
Däniken, E. von 88
Deutsch, K. W. 9
Dingeldey, E. 94
Dithmar, R. 97
Duerr, H. P. 41
Dupuy, J.-P. 9

Fehl, U. 157
Feyerabend, P. K. 11, 12, 33, 41, 101, 147
Flöhl, R. 85

Galtung, J. 10
Gareis, H. 128, 147

Gaston, J. 50
Geisler, M. 94, 96, 97, 98
Glaser, H. A. 96
Goethe, J. W. von 22
Görtz, F. J. 96
Good, P. 114, 118
Grimm, R. 99

Haber, F. 16, 17
Haberer, J. 17, 134
Habermas, J. 10, 32
Hackethal, E. 88
Hagstrom, W. O. 44
Hammer, F. 10, 46, 114
Handschuh, G. 114
Hansen, K. 83
Hartung, H. 97
Hayek, F. A. (von) 92, 100, 106
Heistermann, W. 97
Hermand, J. 94, 99
Hirschmann, A. O. 68, 157
Hitler, A. 117
Hömberg, W. 82, 83, 87
Hoffmann-Lange, U. 94, 158
Hübner, K. 142, 143
Hübner, R. 94

Ingersleben, S. von 147

Jänicke, M. 127
Jonas, H. 115

Kant, I. 16
Kepplinger, H. M. 94
Kienle, G. 147
Kimminich, O. 60, 61
Kirzner, I. M. 92, 100
Kisch, E. E. 96, 99
Kleinsorge, H. 128
Kluge, A. 12
Knemeyer, F.-L. 61
Knopf, J. 57
Koch, H. 63
Koselleck, R. 60
Krawietz, W. 33
Kreuzer, H. 16
Krohn, W. 142
Kuhn, T. S. 33, 34, 147, 148

Langenbucher, W. R. 83
Lehner, F. 7
Lenk, H. 114, 123
Lepsius, Rainer M. 16
Lepsius, Renate 47
Lethen, H. 96, 99
Lindner, H. 9
Lompe, K. 63
Lorenz, K. 90
Ludendorff, E. 60
Ludwig, M. H. 97
Luhmann, N. 24, 129, 130

Marquard, O. 101
Matthes, J. 127
Merton, R. K. 17, 46, 47, 51, 53, 58, 133
Mohr, H. 11, 15, 16, 17, 34, 48f., 59f., 132, 157f.
Monod, J. 15
Musil, R. 146

Negt, O. 12
Neuhaus, G. A. 78

Newton, I. 74
Nohlen, D. 28

Obermeier, O. P. 114, 123

Pallowski, G. K. 96
Pawlowski, H.-M. 139f., 144
Pfeiffer, R. 9
Polanyi, M. 33
Popper, K. R. 33, 78, 80, 83, 90, 91, 114, 132, 134ff.
Price, D. 11
Price, D. J. de Solla 10, 66
Puder, M. 12

Rawls, J. 62
Rehm, Ch. 147
Reif, F. 38
Reinhardt, St. 96
Roellecke, G. 60f., 140, 141, 158
Röpke, H. 8, 17, 123
Rössler, D. 114
Roloff, E. K. 83, 84
Rühl, M. 83

See, K. von 94
Siebeck, G. 8
Specht, R. 151
Speck, J. 10
Schäfer, W. 143
Schäfers, B. 7
Scheven, D. 60
Schlink, B. 61
Schluchter, W. 42
Schmitt, C. 103
Schönbach, K. 94, 158
Schütz, E. 96, 98, 99
Schultze, R.-O. 28
Schumpeter, J. A. 44, 100
Stark, F. 83

Namenregister

Stehr, N. 50
Steinweg, R. 103
Stephan, P. M. 97
Storer, N. W. 46, 53, 113

Tenbruck, F. H. 10, 19
Topitsch, E. 80
Trotzki, L. 66

Utecht, Th. 91

Vogt, J. 94
Voss, G. 127

Wallraff, G. 96, 97

Watson, J. D. 37
Weber, M. 10, 19, 22, 26, 27, 40,
 43, 50, 57, 58, 60, 62, 65, 84,
 103, 124, 149, 150
Weingart, P. 51, 53
Weizsäcker, C. F. von 9
Wenz, E. M. 138, 141
Whittemore, Jr., G. F. 16
Winckelmann, J. 57
Woodward, K. 9

Zapf, W. 16
Zimmer, D. E. 99
Zöckler, C. E. 128